Benedikt Fecher

Eine Reputationsökonomie

Der Wert der Daten in der akademischen Forschung

Mit einem Geleitwort von Prof. Gert G. Wagner

 Springer VS

Benedikt Fecher
Alexander von Humboldt-Institut für
Internet und Gesellschaft
Berlin, Deutschland

Dissertation Universität der Künste Berlin, 2017

u.d.T.: Benedikt Fecher: „Eine Reputationsökonomie: Der Wert der Daten in der akademischen Forschung."

ISBN 978-3-658-20894-3   ISBN 978-3-658-20895-0   (eBook)
https://doi.org/10.1007/978-3-658-20895-0

Die Deutsche Nationalbibliothek verzeichnet diese Publikation in der Deutschen National-
bibliografie; detaillierte bibliografische Daten sind im Internet über http://dnb.d-nb.de abrufbar.

Gedruckt auf säurefreiem und chlorfrei gebleichtem Papier

Springer VS ist ein Imprint der eingetragenen Gesellschaft Springer Fachmedien Wiesbaden GmbH
und ist Teil von Springer Nature
Die Anschrift der Gesellschaft ist: Abraham-Lincoln-Str. 46, 65189 Wiesbaden, Germany

GELEITWORT

Gert G. Wagner

In den kommenden Jahren wird sich durch die digitalen Technologien der wissenschaftliche Forschungs- und Publikationsprozess wahrscheinlich grundlegend verändern. Zumindest gibt es ein großes Veränderungspotential. Diese Veränderung verläuft unübersichtlich und mit rasanter Geschwindigkeit – deswegen ist es auch ohne weiteres möglich, dass die eine oder andere konkrete Entwicklung in Sackgassen hinein führt. Der im vorliegenden Buch beschriebene Weg dürfte freilich in keiner Sackgasse enden.

Die Digitalisierung eröffnet grundsätzlich gänzlich neue Möglichkeiten der wissenschaftlichen Zusammenarbeit, der Speicherung von Daten und der Distribution von Wissen. Daten und Wissen können – theoretisch – mit minimalen Grenzkosten beliebig oft und schnell geteilt werden. Mit Magnetbändern, Discs sowie gedruckten Zeitschriften und Büchern war dies früher nicht möglich.

Geteilte Informationen und Wissen sind äußerst wertvoll bzw. können äußerst wertvoll sein. Die akademische Wissenschaft kann dieses Potenzial bislang allerdings nur ansatzweise realisieren. Daten und Wissen zirkulieren nicht weltweit völlig frei und sie können nicht jederzeit angezapft werden. Benedikt Fecher's Arbeit analysiert dieses Phänomen am Beispiel von Forschungsdaten.

Im Gesamtfeld von Forschung, Lehre und Wissenstransfer rücken Forschungsdaten und Fragen deren nachhaltigen und effizienten Managements zunehmend in den Fokus der Wissenschaftscommunities und der Forschungspolitik.

Fecher zeigt, dass in der Bereitstellung und Nachnutzung von Daten erhebliches Potenzial für den wissenschaftlichen Fortschritt steckt. Dieses begründet er nicht nur mit dem effizienten Einsatz von Ressourcen, zum Beispiel durch Nachnutzung von existierenden Daten für die Erforschung neuer Fragestellungen, sondern auch mit der wissenschaftlichen Qualitätskontrolle. So beschreibt er datenbasierte Replikationsstudien, neben der klassischen Peer Review, als eine neue Möglichkeit der wissenschaftlichen Selbstkontrolle. Diese kann dazu beitragen, die vielzitierte "Replikationskrise" zu überwinden.

Trotz des immensen Potenzials für den wissenschaftlichen Fortschritt, werden Forschungsdaten bislang nur selektiv „offengelegt", d. h. von den Produzenten der Daten anderen Forscherinnen und Forschern zur Verfügung gestellt. Bekannte Fälle des Forschungsdatenaustauschs beschränken sich meist auf institutionelle Services oder die Großgeräteforschung, also auf Datenerhebungen, die von vorne herein auf das Teilen der Daten ausgelegt sind. Deswegen spricht man auch im Hinblick auf große sozialwissenschaftliche Surveys (wie zum Beispiel dem Soziooekonomischen Panel [SOEP] in der Leibniz Gemeinschaft) oder Weltraumteleskope (wie das Radioteleskop in Bad Münstereifel-Effelsberg des Max-Planck-Instituts für Radioastronomie) von „Forschungsinfrastruktur". Einzelne Forscherinnen und Forscher legen ihre Daten dagegen selten nachnutzbar offen, selbst wenn sie seitens einer Fachzeitschrift oder eines Forschungsförderers dazu verpflichtet sind.

Diese Situation beschreibt Fecher als Dilemma, denn in der Wissenschaftstheorie, in der Forschungspolitik wie auch unter Wissenschaftlerinnen und Wissenschaftlern selbst, herrscht Einigkeit darüber, dass die Bereitstellung und Nachnutzung von Daten einen wesentlichen Beitrag für den wissenschaftlichen Fortschritt darstellen. Die Nachnutzung erlaubt die direkte Überprüfung der publizierten Ergebnisse (und die kritische Prüfung von Ergebnissen ist konstitutiv für wissenschaftliche Forschung) und zudem bietet eine Nachnutzung die Möglichkeit andere Fragen und Methoden an Daten heranzutragen als es der oder die Primärforscher getan hatte(n) (dadurch kann weiterer wissenschaftlicher Fortschritt entstehen).

Eine Nachnutzung findet in der wissenschaftlichen Praxis bislang nur sehr verhalten statt (sieht man von der Nutzung der „Forschungsinfrastruktur" ab). Die Frage ist: „Warum?". Benedikt Fecher nähert sich dieser Problematik in zwei Untersuchungsschritten.

Zur Beantwortung der Frage, welche Faktoren die Bereitstellung von Forschungsdaten bedingen, führt Fecher zunächst eine Systematic Review der Literatur durch und befragt prototypische Sekundärdatennutzer von Forschungsdaten, nämlich Nutzerinnen und Nutzer der Leibniz-Längsschnittstudie SOEP (also einer Einrichtung der Forschungsinfrastruktur). Die Besonderheit der Befragung besteht darin, dass Fecher auch um Freitextantworten bittet. Sein Forschungsfeld systematisiert er mit Hilfe dieser (kurzen) Texte und der Literaturanalyse.

Auf Basis dessen formuliert Fecher konkrete Forschungsfragen und Hypothesen, die er in einem zweiten Teil, einer standardisierten Online-Befragung von etwa 1500 Wissenschaftlerinnen und Wissenschaftlern, empirisch prüft.

Die Ergebnisse der Befragung bestätigen die Diskrepanz zwischen dem sozialen Nutzen des offenen Zugangs zu Forschungsdaten und dem individuellen Forscherverhalten. Die befragten Forscherinnen und Forscher stehen dem freien Zugang zu Forschungsdaten positiv gegenüber und erkennen Vorteile sowohl für die Wissenschaft als Ganzes, wie auch für ihre eigene Arbeit. Die Mehrheit der Befragten hat bereits Daten geteilt und mit Sekundärdaten gearbeitet. Das Problem allerdings – wenn man von einer möglichst offenen Wissenschaft ausgeht – besteht darin, dass Forschungsdaten bislang nur selektiv und verzögert bereitgestellt werden. Und die sekundäranalytische Nutzung von Daten geht immer wieder auch mit einer faktisch erzwungenen Ko-Autorenschaft der Primärforscher einher.

Benedikt Fecher erklärt das Zurückhalten selbst erhobener Daten mit dem gegenwärtigen akademischen Anreizsystem, in dem Ergebnispublikationen (insbesondere Artikel) sehr viel wichtiger als Datenveröffentlichungen sind. Das gilt auch für Publikationen, in denen primär erhobene Daten beschrieben und dokumentiert werden, damit diese „Datenpublikationen" bei einer Nachnutzung zitiert werden können, denn Zitationen sind die Währung, die zu wissenschaftlicher Reputation führt. Die mangelnde Anerkennung (Reputation) für die Erhebung und Bereitstellung interessanter Forschungsdaten ist nach Fecher für das verhaltene Teilen von Forschungsdaten maßgeblich verantwortlich. Folgerichtig beschreibt er die Wissenschaft als Reputationsökonomie, in der der Austausch von Information und Wissen an die Statuserwägungen der Forscherinnen und Forscher gekoppelt ist.

Die Ergebnisse der Dissertation von Benedikt Fecher legen nahe, dass es insbesondere Nutzenerwartungen des Einzelforschers sind, die dessen Umgang mit Daten erklären. Da in der wissenschaftlichen Reputationsökonomie Daten bislang einen nur geringen Tauschwert haben, werden sie nur zögerlich nachnutzbar bereitgestellt. Denn das Teilen von Daten zahlt nicht auf den individuellen Status eines Forschers ein. Dies ist nach Fecher irritierend: Obwohl ein großer Teil der Artikelpublikationen nie zitiert wird, also nicht einmal einen disziplinären Impact hat, bestimmen noch immer (um nicht zu sagen: mehr denn je) Ergebnis-Artikel die Produktionslogik der modernen Wissenschaft. Diese Pfadabhängigkeit der akademischen Leistungsbemessung führt dazu, dass wissenschaftliche Produkte wie Daten bislang nicht angemessen (nach)genutzt werden können.

Die wissenschaftliche Nachnutzung hochwertiger Forschungsdaten ist nicht nur notwendig, wenn die Wissenschaft sich selbst ernst nimmt und die kritische Prüfung von Forschungsergebnissen endlich wieder in das Zentrum des Forschens rückt. Sondern die Nachnutzung von Forschungsdaten, also das Teilen dieser Infrastruktur der Forschung, verbessert auch die Rendite öffentlicher Investitionen in die Forschung, da das Teilen ein erhebliches Wertschöpfungspotenzial für Wissenschaft, Wirtschaft und Zivilgesellschaft birgt. Dieses Potential besteht zum ersten in der Erhärtung von Evidenz und zum zweiten im Schaffen neuer Hypothesen und Erkenntnisse. Um dieses „Wertschöpfungspotential" zu erschließen erarbeitet Fecher auch evidenzbasierte Vorschläge zur Gestaltung eines "Marktes für Forschungsdaten". Diese Vorschläge werden hier nicht referiert, da Sie als Leserin oder Leser einen Anreiz haben sollen, die Dissertation von Benedikt Fecher zu lesen.

Die vorliegende Arbeit besticht durch konzeptionelle Präzision und eine aufwendige empirische Bearbeitung. Fecher hat wahrscheinlich ein Standardwerk geschrieben, das in der einschlägigen Literatur über Jahre hinweg zitiert werden wird. Die Arbeit führt nicht in eine Sackgasse, sondern eröffnet neue Perspektiven.

Gert G. Wagner

Professor für Volkswirtschaftslehre an der TU Berlin

Deutsches Institut für Wirtschaftsforschung (DIW Berlin) und Max Planck Institut für Bildungsforschung (Berlin)

Berlin, im September 2017

1 EINLEITUNG

1.1 DIGITALISIERUNG, INFORMATION UND WISSENSCHAFT

Digitalisierung ist ein Megatrend. Diese Zeitdiagnose wird heute in Politik, Wirtschaft, Wissenschaft und Gesellschaft breit geteilt. Sie besagt, dass es kaum einen Lebensbereich gibt, der nicht von Informationstechnologien durchdrungen wird.

Der Zeitungsmarkt – ein der Wissenschaft artverwandter Markt – macht das Transformationspotenzial der Digitalisierung deutlich. Das Bild des Lesers, der am Frühstückstisch oder im Zug auf dem Weg zur Arbeit seine Zeitung liest, ist eines, das allmählich verblasst. Menschen bedienen sich heute nach Belieben verschiedener Online-Quellen, sie lesen nicht mehr nur, sie schauen Videos, hören Podcasts und produzieren eigene Inhalte. Und sie tauschen sich anders über die Inhalte aus, zum Beispiel in sozialen Netzwerken. In der Zeitungsindustrie kam es im Zuge neuer Informationsbedürfnisse und Rezeptionsgewohnheiten im Zeitalter der Digitalisierung zu massiven Veränderungen. Mit "Zeitungssterben" fand man für diese Veränderungsprozesse im *Markt für Information* eine wenig optimistische Bezeichnung.

© Springer Fachmedien Wiesbaden GmbH, ein Teil von Springer Nature 2018
B. Fecher, *Eine Reputationsökonomie*,
https://doi.org/10.1007/978-3-658-20895-0_1

Um auf das neue Kommunikationsverhalten zu reagieren, investieren nun etablierte Printhäuser verstärkt in ihre Online-Sparten und testen Online-Bezahlmodelle für ihren Content. Nicht-innovative Zeitungshäuser, etwa solche, die es nicht schaffen, ihre Leserschaft auch online zu erreichen und kaum mehr als einen Mantel bieten, sterben derweil. Gleichzeitig betreten neue Spieler das Feld, die Informationen in Social-Media-gerechte Inhalte verpacken.

Dieser Wandel, wie ihn der *Markt für Information* durchmacht, erfasst auch den *Markt für Wissen*. Denn: Bildung, Wissenschaft und Forschung handeln   wie der Zeitungsmarkt auch – im Kern mit digitalisierbaren Gütern (z. B. Artikel, Bücher, Daten). Auch hier erlaubt die Digitalisierung eine vollkommene Neuordnung der Wertschöpfung. Anders als der Zeitungsmarkt ist die Wissenschaft allerdings von einem traditionellen Autonomiegedanken und der damit einhergehenden institutionellen Selbstverwaltung geprägt, was den Transformationsprozess (im Vergleich zur Zeitungsindustrie) verzögert. Gleichzeitig sind es diese Eigenschaften, auf die das einzigartige akademische Modell einer dezentralen Produktion öffentlicher Wissensgüter basiert.

Wo könnte die Grundidee des Internets, nämlich die gleichberechtigte, produktive Vernetzung von Individuen, also besser zur Geltung kommen, als in der akademischen Forschung? Nicht zufällig hat Tim Berners-Lee das Internet als ein Hilfsmittel für Wissenschaftler konzipiert, um den Austausch von Information und die Zusammenarbeit zwischen Wissenschaftlern zu erleichtern (Berners-Lee 1999). *Offenheit* – wie in dem Begriff *Open Science* – wird in diesem Zusammenhang von politischen Entscheidungsträgern, aber auch Wissenschaftstheoretikern, als die logische und wissenschaftseigene Strategie betrachtet, auf die Digitalisierung zu reagieren. Die Replikationskrise und sich häufende Betrugsfälle, geben dieser Forderung zusätzliches Gewicht (Peng 2015).[1]

Angewandt bedeutet das etwa, dass Laien an Forschung teilhaben können (Citizen Science), Artikel kostenfrei im Internet zugänglich sind (Open Access) und Wissenschaftler Daten austauschen (Open Data). Konzeptionalisierungen wissenschaftlicher Kollaboration im digitalen Zeitalter, wie "Science 2.0" (Waldrop 2008), "Cyberscience 2.0" (Nentwich und König 2012), "Crowd Science" (Franzoni und Sauermann 2014) oder "Networked Science" (Nielsen 2012), wurzeln allesamt in diesem Verständnis von Offenheit. Diese kommt dergestalt zum Ausdruck, als dass die Digitalisierung einen neuen wissenschaftlichen Produktions- und Distributionsmodus begründet, der jenseits institutioneller Grenzen, dezentral, modular und selbstselektiert funktioniert.

Mit dem Appell zur Offenheit wird von Seiten der Förderer und politischen Entscheidungsträger an Digitalisierung ein großes Fortschrittsversprechen geknüpft, das bislang noch nicht eingelöst wird. Am Beispiel von Forschungsdaten wird dies überraschend deutlich.

1.2 THE DIRTY LITTLE SECRET

Im Mai 2016 veröffentlichten die Autoren Dan L. Longo und Jeffrey M. Drazen den Leitartikel „Data Sharing" in der renommierten Fachzeitschrift *New England Journal of Medicine* (NEJM). In dem Artikel be-

---

[1] Wobei hier anzumerken ist, dass es erst durch digitale Technologien möglich wurde, Betrugsfälle aufzudecken.

zeichneten sie Wissenschaftler, die für ihre Forschung Daten anderer Wissenschaftler verwenden, als „research parasites" (Longo und Drazen, 2016, S. 276). Diese Forschungsparasiten hätten nichts mit der Durchführung von Experimenten und der Erhebung von Daten zu tun, würden aber von der harten Arbeit anderer Forscher profitieren. Etwa zeitgleich forderte der *Rat für Wettbewerbsfähigkeit* der Europäischen Union, dem immerhin alle für Wissenschaft zuständigen Minister der EU-Mitgliedsstaaten angehören, dass bis 2020 alle Daten (und Artikel) aus öffentlich finanzierter Forschung offen, also online und zur freien Nutzung, zugänglich gemacht werden sollten (Council of the European Union 2016), ein Ziel, dass durchaus als optimistisch bezeichnet werden kann.

Die Beispiele sind charakteristisch für zwei Perspektiven auf den Forschungsdatenaustausch: Auf der einen Seite stehen forschungspolitische Entscheidungsträger wie die EU (aber auch die DFG und alle großen Forschungsgemeinschaften), die in der Offenlegung von Forschungsdaten einen Beitrag für den wissenschaftlichem Fortschritt, einen Schlüssel für Innovation und freilich auch einen ressourcenoptimalen Einsatz von Fördermitteln erkennen (European Commission 2012). Denn mit alten Daten können Forscher neue Fragen stellen. Hinzu kommt, dass Ergebnisse damit überprüfbarer werden und neue Methoden möglich. Auf der anderen Seite steht der einzelne Forscher, für den die Datenerhebung eine Investition in seine nächste Artikelpublikation ist – und damit in seine berufliche Karriere.

Viele Forscher mögen es sogar als parasitär empfinden, wenn ein anderer seine Daten nutzt, um damit zu publizieren. Diese Bild vermitteln zumindest Zahlen zum Forschungsdatenaustausch: Bei einer Befragung von 1300 Umweltwissenschaftlern stellten Tenopir et al. (2011) fest, dass nur sechs Prozent der befragten Forscher jemals Daten offengelegt hatten. In einer Surveybefragung unter 1240 Genforschern von den 100 amerikanischen Universitäten, die die meisten Fördermittel des *National Institutes of Health (NIH)* erhalten, gab rund die Hälfte der Befragten an, dass sie mindestens einmal auf Anfrage bei einem Fachkollegen nach Daten, abgewiesen wurden (Campbell et al. 2002). Alsheikh-Ali et al. (2011) fanden heraus, dass bei 500 Forschungsartikeln der 50 Fachzeitschriften mit dem höchsten *Impact-Faktor*[2] nur bei 47 der untersuchten Studien (neun Prozent) die zugrundeliegenden Daten verfügbar waren.

Die Studien liegen bereits einige Jahre zurück und sind auch aufgrund ihrer disziplinären (Biodiversitätsforschung und Genetik) und regionalen Schwerpunkte (USA) nur beschränkt aussagekräftig für andere Forschungskontexte. Sie vermitteln jedoch das Bild einer – zumindest disziplinär – kaum ausgeprägten Kultur des Forschungsdatenaustausches. Es ist diese Diskrepanz zwischen dem Ideal des offenen Zugangs und der empirischen Realität, den Borgman treffend als „[t]he dirty little secret behind the promotion of data sharing" (2012, S. 1059) bezeichnet. Diese Studie soll dieses „schmutzige Geheimnis" aufdecken, in dem sie die Frage stellt, was den Forschungsdatenaustausch in der akademischen Forschung bedingt und weshalb er so zurückhaltend praktiziert wird.

----

[2] Der Journal Impact Factor ist eine Metrik, die den Einfluss einer wissenschaftlichen Fachzeitschrift anhand der durchschnittlichen Zitationen der darin veröffentlichten Artikel bemisst.

1.3   UNTERSUCHUNGSAUFBAU

Zur Untersuchung dieses Problems wurde ein induktiver Mehrmethodenansatz, bestehend aus (1) einer **Systematic Review** und einer **Sekundärdatennutzerbefragung** sowie (2) einer **Befragung von Primärforschern** verschiedener Disziplinen gewählt, der in Abbildung 1: Untersuchungsdesign dargestellt ist.

Ein induktives Verfahren zeichnet sich durch die Offenheit gegenüber dem zu untersuchenden Phänomen hinsichtlich theoretischer Ansätze und methodischem Vorgehen aus (Brewer und Hunter 2006; Johnson et al. 2007).[3] Entsprechend wurden zu Beginn der Studie keine Hypothesen aufgestellt, sondern es wurde – aufbauend auf zwei deskriptiven Teilen (Kapitel 1 und 0) – mittels der Systematic Review und der Befragung von Sekundärdatennutzern (Kapitel 4: System des Datenaustauschs) ein empirisch-explorativer Zugang gewählt (Mayring 2010; Hesse-Biber 2010). Die offene Untersuchungsfrage, die diesen ersten analytischen Schritt motiviert, lautet: „Was bedingt die Bereitstellung und Nachnutzung von Forschungsdaten in der akademischen Forschung?". Ziel dieses Schrittes ist es, die wesentlichen Akteure, Entitäten und Kontextbedingungen für den Forschungsdatenaustausch zu identifizieren und deren Zusammenwirken in einem Modell darzustellen.

---

[3] Da dies aufgrund von impliziten Annahmen, Alltagstheorien und Vorwissen auf Seiten des Forschers nicht durchwegs realisierbar ist, spricht man in der Praxis von der analytischen Induktion (Bühler-Niederberger 1985) wonach zu Beginn der Erhebung mit wenig spezifizierten Konzepten gearbeitet wird die im Verlauf des Forschungsprozesses spezifiziert werden.

Erst dann, wurden in einem zweiten analytischen Schritt (Kapitel 5: Perspektive des Primärforschers) Forschungsfragen und Hypothesen formuliert und mittels einer Befragung von Primärforschern überprüft. Neben einer gezielten Abfrage von Einflussfaktoren auf die Datenoffenlegung, dient dieser Schritt auch der statistischen Überprüfung des Forschungsproblems, nämlich ob Wissenschaftler Daten – trotz des Bewusstseins deren Mehrwerts für andere – nicht teilen.

Die Wahl dieses Ansatzes erklärt sich aus fehlender Forschung zum Umgang mit Forschungsdaten und der Erwartung, dass mittels des induktiven Vorgehens bereits bekannte Sachverhalte nicht reproduziert werden. Der Nachteil eines induktiven Designs liegt in der Gefahr der Formulierung allgemeiner Gesetzmäßigkeiten auf Basis unvollständiger Informationen (Stegmüller 1975). Hier wurde dem Induktionsproblem durch den Methodenmix (z. B. Survey und Befragung für den „Systemblick auf den Datenaustausch") sowie den methodeneigenen Gütekriterien (z. B. intersubjektive Nachvollziehbarkeit bei der qualitativen Inhaltsanalyse) entgegengewirkt.

Mit der methodischen Offenheit der induktiven Herangehensweise geht einher, dass hier keinem konkreten Forschungsparadigma gefolgt wird (Kuhn 1996). Mit der Zuordnung zu einem bestimmten Paradigma gehen ontologische (Was ist Realität?) und epistemologische (Wie ist diese ergründbar?) Grundannahmen einher, die sich unmittelbar auf das Untersuchungsdesign und die Methodenwahl auswirken (Guba 1990; Johnson und Onwuegbuzie 2004). So ist aus konstruktivistischer Perspektive Realität nicht objektiv fassbar (Ontologie) und kann nur subjektiv verstanden werden (Epistemologie). Das hätte zur Folge, dass in einer

konstruktivistischen Arbeit vorrangig erklärende, qualitative Erhebungs-
und Analysemethoden in einem explorativen Verfahren, wie die *Grounded Theory* (Charmaz 2006), zur Anwendung kämen. Im Gegensatz dazu
würde ein objektivierender Ansatz quantifizierende Verfahren bevorzu-
gen (Guba 1990). Eine solche methodische Limitierung, zumindest die
paradigmatische Unterordnung des Untersuchungsdesigns, behindert –
nach Überzeugung des Autors – unnötigerweise den Erkenntnisgewinn.

In der Herangehensweise lehnen sich der Aufbau und das Vorgehen
insofern an Feyerabends methodischen Pluralismus dergestalt an, dass
unterschiedliche methodische Ansätze nach Bedarf angewendet werden
(2010). Die Behandlung des Erkenntnisobjekts entspringt einer soziallibe-
ralen Sicht auf akademische Forschung unter der Prämisse wissenschaftlicher Freiheit; somit auch der grundsätzlichen Freiheit des Forschers im
Umgang mit seinen Daten.

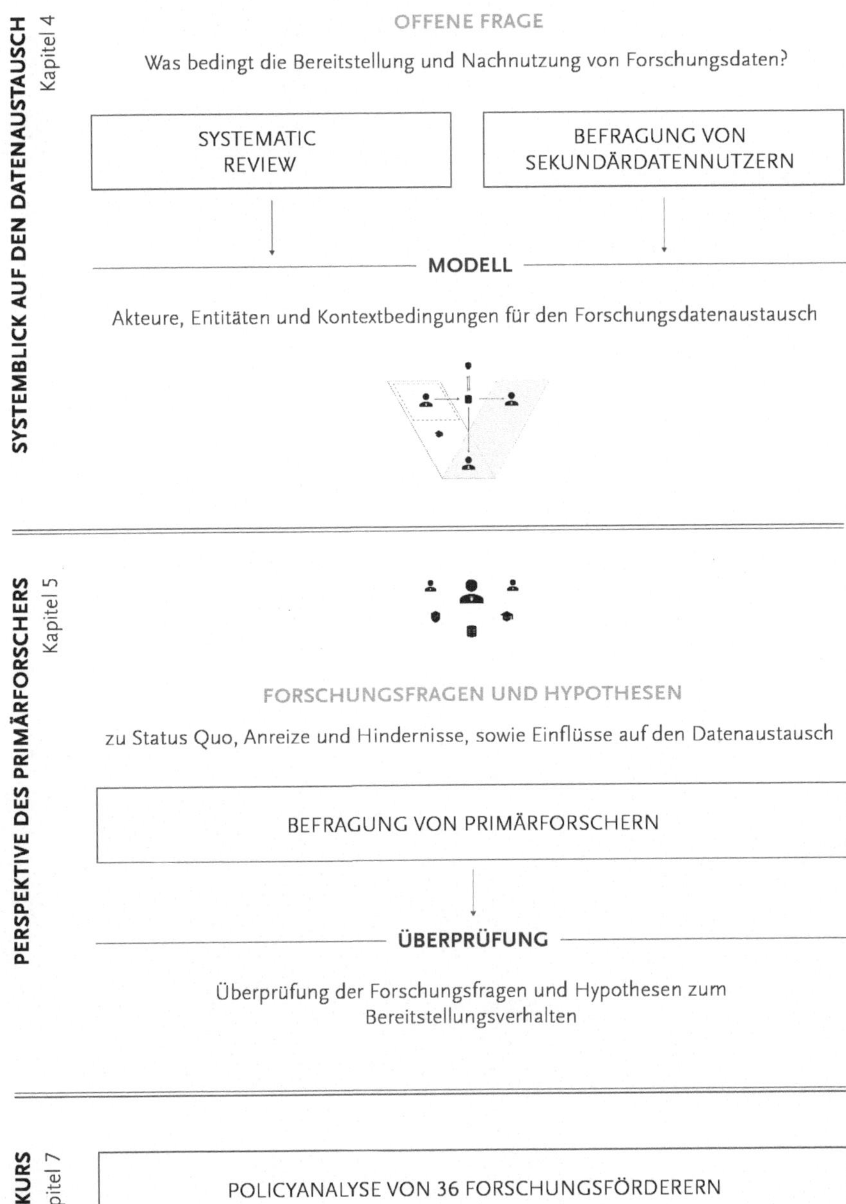

Abbildung 1: Untersuchungsdesign

2 OFFENER ZUGANG ZU FORSCHUNGSDATEN

2.1 WAS SIND FORSCHUNGSDATEN?

Um den Untersuchungsgegenstand einzugrenzen und operationalisierbar zu machen, ist es notwendig, sich einen Begriff davon zu machen, was mit Forschungsdaten gemeint ist und was sie als „offen zugänglich" kennzeichnet. Als Grundlage für die definitorische Eingrenzung von Forschungsdaten dienen die *Principles and Guidelines for Access to Research Data from Public Funding* (2007) der *Organisation for Economic Cooperation and Development* (OECD), die *Empfehlungen zur gesicherten Aufbewahrung und Bereitstellung digitaler Forschungsprimärdaten* (2009) und die *Leitlinien zum Umgang mit Forschungsdaten* (2015) der *Deutschen Forschungsgemeinschaft* (DFG).

Die OECD definiert in *den Principles and Guidelines for Access to Research Data from Public Funding* (2007, S. 14) Forschungsdaten wie folgt:

> [...] research data are defined as factual records (numerical scores, textual records, images and sounds) used as primary sources for

© Springer Fachmedien Wiesbaden GmbH, ein Teil von Springer Nature 2018
B. Fecher, *Eine Reputationsökonomie*,
https://doi.org/10.1007/978-3-658-20895-0_2

scientific research, and that are commonly accepted in the scientific community as necessary to validate research findings.

Demnach definieren sich Forschungsdaten einerseits über ihre *Beschaffenheit* („factual records") und andererseits über ihre *Zweckgebundenheit* („primary sources for scientific research", „validate research findings").

BESCHAFFENHEIT VON FORSCHUNGSDATEN

Forschungsdaten können numerisch (z. B. Satelliten-Messdaten), textuell (z. B. Transkripte von Interviews), bildlich (z. B. Mikroskopaufnahmen) oder auditiv (z. B. Tonbandaufnahmen) vorliegen. Diese Vielfalt in der Beschaffenheit lässt sich auf disziplinär unterschiedliche wissenschaftstheoretische Annahmen und entsprechenden heterogenen Erhebungs- und Analyselogiken in den einzelnen Forschungsdisziplinen zurückführen (siehe auch Simukovic et al. 2014; Häder 2009; S. 287ff.; Carlson und Anderson 2007; DFG 2015).

Auf den Zusammenhang zwischen Genese und Beschaffenheit verweist auch die DFG in ihren *Leitlinien zum Umgang mit Forschungsdaten* (2015, S. 1):

Die Vielfalt solcher Daten entspricht der Vielfalt unterschiedlicher wissenschaftlicher Disziplinen, Erkenntnisinteressen und Forschungsverfahren. Zu Forschungsdaten zählen u.a. Messdaten, Laborwerte, audiovisuelle Informationen, Texte, Surveydaten, Objekte aus Sammlungen oder Proben, die in der wissenschaftlichen Arbeit entstehen, entwickelt oder ausgewertet werden.

So nutzen subjektiv geprägte Disziplinen, wie die Anthropologie, tendenziell explorative Erhebungs- und hermeneutisch-erklärende Analysemethoden. Sie verfügen entsprechend eher über qualitative, unstrukturierte Daten. Objektiv geprägte Disziplinen, wie die „harten" Naturwissenschaften Physik und Chemie (und in Teilen die Volkwirtschaftslehre), verfügen dagegen über deduktive Erhebungs- und quantifizierende Analysemethoden. Daten sind in diesen Disziplinen tendenziell quantitativ und strukturiert (Schutt 2014); deren Analyse sollte möglichst unabhängig vom Forscher nachvollziehbar sein.[4]

Freilich variieren Forschungsdaten selbst innerhalb einzelner Disziplinen. In der Biodiversitätsforschung können organische Proben ebenso Forschungsdaten sein, wie Messdaten. In der Medizin können Daten Laborwerte oder Patientenerhebungen sein. Auch hier werden unterschiedliche, nämlich textuelle Daten aus Interviews und der Forschungsliteratur sowie numerische Daten aus einer Befragung, verwendet.

Es lässt sich dennoch festhalten, dass es unterschiedliche Vorstellungen davon gibt, was Forschungsdaten sind. Damit gehen auch unterschiedliche Ansprüche an die Dokumentation (siehe Kapitel 4.3.3), Archivierung und auch Weitergabe von Forschungsdaten einher (siehe Kapitel 4.3.4). Um den Umgang mit Forschungsdaten disziplinübergreifend zu untersu-

---

[4] Ein Sonderfall stellt indes die Nutzung von Sekundärdaten dar und damit die Aufbereitung bereits bestehender Datensätze. In diesen Fällen liegt der Erhebungsaufwand nicht beim Forscher, sondern bei den bereitstellenden Institutionen (z. B. SOEP-Daten des DIW Berlin). Der eigentliche Aufwand für den Forscher liegt hier in der Auswahl der Variablen und der Anfertigung der Analyseskripte.

chen, ist eine Abstraktion von Nöten. **Es werden im Folgenden sämtliche Formate als Forschungsdaten bezeichnet, die im Rahmen akademischer Forschungstätigkeit entstehen und die elektronisch archiviert und abgerufen werden können.**

ZWECKGEBUNDENHEIT VON FORSCHUNGSDATEN

Neben den Unterschieden in der Beschaffenheit, lassen sich Forschungsdaten auch funktional unterscheiden. Anders als die Definition der Deutschen Forschungsgemeinschaft, die diese allein als „die Grundlagen für die wissenschaftlichen Publikationen" sieht (2009, S. 2), wird in der Definition der OECD (2007) auch deren Funktion zur Überprüfung wissenschaftlicher Erkenntnisse hervorgehoben: Sie sind demnach einerseits Primärquelle für wissenschaftliche Forschung („primary sources for scientific research") und andererseits Grundlage für die Validierung von Forschungsergebnissen („necessary to validate research findings").

Dieser Dualismus in der Funktion ist wesentlich für das Verständnis der Bedeutung von Daten in der akademischen Forschung. Deren Funktion beschränkt sich nicht allein auf die Generierung originären Wissens, sondern ebenso auf dessen Überprüfbarkeit. Hierin spiegeln sich zwei wesentliche Nutzendimensionen des offenen Zugangs zu Forschungsdaten wider, auf die in den Folgekapiteln noch näher eingegangen wird. Das sind die Nachnutzung vorhandener Daten für neue Forschungsfragen (siehe Kapitel 3.2) und die Nachnutzung von Daten für Re-Analysen und Replikationen (siehe Kapitel 3.3).

Auch wenn dem Validitätskonzept unterschiedliche wissenschaftstheoretische Annahmen zugrunde liegen und von der harten Reproduzierbarkeit in objektiv geprägten Disziplinen wie den Naturwissenschaften (Krauth 2000; Diekmann 2012) bis hin zur weichen, intersubjektiven Nachvollziehbarkeit in subjektiv geprägten Disziplinen wie den Geisteswissenschaften reicht (Whittemore et al. 2001), so spiegelt sich in ihm zumindest der Anspruch an die Nachvollziehbarkeit des Erkenntnisgewinnes wider.

Wenn im Folgenden von Forschungsdaten gesprochen wird, so werden die unterschiedlichen Formate und Typen zusammengefasst betrachtet. **Trotz ihrer Unterschiede in Genese und Beschaffenheit, ist allen Forschungsdaten gemein, dass sie sowohl der originären neuen Forschung dienen als auch dass sie Ergebnisse von Untersuchungen überprüfbar beziehungsweise nachvollziehbar machen.** In dieser Definition von Forschungsdaten ist deren Nachnutzung einerseits für neue Forschungsfragen sowie andererseits zur Überprüfung von Ergebnissen explizit vorgesehen.

2.2 WANN SIND FORSCHUNGSDATEN OFFEN?

Der Begriff der Offenheit kann vielerlei Bedeutung im wissenschaftlichen Kontext haben; sei es als Maxime der Öffnung der Wissenschaft gegenüber der Zivilgesellschaft (z. B. Citizen Science), als den Zugang zu wissenschaftlichen Produkten (z. B. Open Access) oder gar als Kriterium guter wissenschaftlicher Praxis im Mertons Vorstellung einer demokratischen Wissenschaft (Merton 1973). Im Kontext von Forschungsdaten – und mit Hinblick auf den Untersuchungsgegenstand – bedarf es daher eine Spezifizierung was wissenschaftlich erhobene Daten als *offen* kennzeichnet.

Eine anerkannte Definition des offenen Zugangs zu Forschungsprimärdaten bietet die *Berlin Declaration on Open Access to Knowledge in the Sciences and Humanities* (im Folgenden „Berliner Erklärung") aus dem Jahr 2003, an der sich beinahe jede prominente deutsche Wissenschaftsorganisation sowie die vier großen Forschungsgemeinschaften beteiligt haben. Demnach müssen Forschungsdaten **kostenfrei, und zur freien Verwendung Dritter öffentlich zugänglich** sein. Sie müssen in mindestens einem Repositorium hinterlegt sein, welches deren langfristige und öffentliche Archivierung gewährleistet (Berliner Erklärung 2003).

Die Berliner Erklärung nimmt im Kontext der Forderung nach offenem Zugang zu Daten eine beinahe historische Bedeutung ein. Davor beschränkten sich Forderungen nach offenem Zugang fast ausschließlich auf Artikelpublikationen in Fachzeitschriften, wie bei der, für die Open-Access-Bewegung historisch bedeutsamen, *Budapester Initiative* wenige Jahre zuvor (Budapester Initiative 2002). Mit der Berliner Erklärung wurde diese Forderung nach offenem Zugang um Rohdaten, Metadaten, Quellenmaterial, Digitalisate sowie malerische und grafische Arbeiten erweitert (Berliner Erklärung 2003). Insofern erfuhren auch die für Artikelpublikationen notwendigen Vorprodukte eine Aufwertung als eigenständiger Forschungsoutput (Leonelli 2013).

Es sei angemerkt, dass zumindest die wissenschaftliche Nutzung nicht selbst erhobener Daten in einigen wissenschaftlichen Disziplinen seit jeher fest verankert ist. Meteorologen teilen seit weit mehr als 100 Jahren Primärdaten (Sieber 1991). In der Makroökonomie wird mit Aggregatdaten öffentlicher Regierungsstellen beziehungsweise statistischer Ämter gearbeitet (Rendtel 2008). Die Forderung nach dem offenen Zugang zu Forschungsdaten erhielt im Kontext datenintensiverer Forschung sowie dem Ausbau der digitalen Forschungsinfrastruktur allerdings ein neues Gewicht. Die Berliner Erklärung übersetzte insofern eine etablierte Praxis punktuell in das digitale Zeitalter.

GRÜNDE FÜR OFFENE DATEN

Die Forderung nach offenem Zugang zu Forschungsdaten lässt sich einerseits politisch-ökonomisch, also durch erwünschten ressourcenoptimalen Einsatz von Forschungsgeldern begründen, andererseits durch wissenschaftsethische Überlegungen, die die geforderte Offenheit als Prinzip guter wissenschaftlicher Praxis verstehen.

Politisch-Ökonomisch. Ähnlich wie bei der Forderung nach offenem Zugang zu Artikelpublikationen aus akademischer Forschung, kann die Offenlegung von Forschungsdaten damit begründet werden, dass diese durch öffentlich finanzierte Forscher in öffentlichen Forschungseinrichtungen entstanden sind. Daraus ließe sich ableiten, dass die gewonnenen Daten nicht das Eigentum derjenigen Person darstellen, die diese erhoben und im Besitz hat, sondern zu einem öffentlichen Gut zu machen sind (David 2003; OECD 2015). Dieser Logik zufolge könnte jeder, zeitnah nach der Erhebung, auf die elektronisch archivierten Daten zugreifen ohne dass dabei zusätzliche Kosten entstehen und mit der Konsequenz, dass höhere gesellschaftliche Erträge (z. B. mehr Forschungsergebnisse) entstehen. Mit der Forderung nach offenem Zugang zu Forschungsdaten ist insofern auch die pragmatische Hoffnung verknüpft, dass sich der

Erhebungsaufwand für andere Forscher reduziert und es ermöglicht, neue Fragen aufgrund alter Daten zu stellen und neue Antworten zu geben. Offenheit impliziert insofern den ressourcenoptimalen Einsatz öffentlicher Mittel (Kroes 2012).[5] Diese synergetische Perspektive auf den offenen Zugang zu Forschungsprimärdaten wird in Abschnitt 3.2 näher behandelt.

Wissenschaftsethisch. Merton formulierte 1942 in seinem einflussreichen Aufsatz *The Normative Structure of Science* vier Charakteristika einer echten – und damit meint Merton eine demokratische und ethische – Wissenschaft, die bis heute Leitprinzip-Charakter für akademische Forschung haben (Merton 1942).

Wissenschaft soll Merton zufolge *skeptisch* sein, das heißt, dass Schlüsse erst dann gezogen werden sollen, wenn alle nötigen Fakten und alternative Erklärungen abgewogen wurden. Wissenschaft soll *uneigennützig* sein, das heißt sie soll allein dem Erkenntnisgewinn und dem altruistischen Interesse am Wohlergehen der Gesellschaft verpflichtet sein. Sie soll *universal* sein, das heißt die Bewertung wissenschaftlicher Erkenntnisse muss unabhängig von der Person des Wissenschaftlers erfolgen. Sie solle außerdem *kommunitaristisch*[6] sein, das heißt, dass die Ergebnisse wissen-

---

[5] Es ist allerdings fraglich, ob sich eine solche Zugangsbegründung mit der Freiheit der Forschung tatsächlich vereinbaren lässt (Karpen 1990).

[6] In Mertons Sinne ist Wissenskommunismus als ein institutioneller Imperativ dahingehend zu verstehen, als dass die Ergebnisse der Wissenschaft Eigentum der Allgemeinheit sind und veröffentlicht werden müssen (Merton 1985)

schaftlicher Forschung allen Mitgliedern der akademischen Community zur Verfügung stehen müssen.

Diese vier Dimensionen (organisierter Skeptizismus, Uneigennützigkeit, Universalismus und Kommunitarismus) kennzeichnen Wissenschaft als ein kollaboratives, gemeinwohlorientiertes und selbstreguliertes Unterfangen. Von den vier Dimensionen begründen insbesondere die Dimensionen organisierter Skeptizismus, als Leitprinzip für die Reproduzierbarkeit für die Forschung (siehe Kapitel 3.1), und Kommunitarismus, als Leitprinzip für die Zugänglichkeit zu wissenschaftlichen Erkenntnissen, die Bereitstellung und Nachnutzung von Forschungsdaten (siehe 2.1.1). Ebenso ließe sich die Uneigennützigkeit als eine Maxime im Umgang mit Forschungsdaten begreifen (siehe Kapitel 4.3.3).

So betrachtet ist der Zugang zu Forschungsdaten tief verankert im Selbstverständnis akademischer Forschung und der guten wissenschaftlichen Praxis.

Der offene Zugang zu Forschungsdaten ist insofern mehr als die Realisierung eines ökonomischen Potenzials, obgleich das ein gewichtiges Argument ist. Der offene Zugang zu Forschungsdaten ist die konsequente Umsetzung existenter Prinzipien der guten wissenschaftlichen Praxis in das digitale Zeitalter. Er entspricht damit dem Zeitgeist einer zunehmend digitalen Forschung, die kollaborativ und modular ist.

2.3 FORSCHUNGSPOLITISCHE PERSPEKTIVE AUF DEN OFFENEN ZUGANG ZU DATEN

Für den Stellenwert der Berliner Erklärung spricht, dass sie von mehr als 500 Forschungsorganisationen unterzeichnet wurde, darunter – mit der

Max-Planck-Gesellschaft, der Leibniz-Gemeinschaft, der Helmholtz-Gemeinschaft und der Fraunhofer-Gesellschaft – die vier wichtigsten deutschen Forschungsverbünde (Max-Planck-Gesellschaft 2015). Sie ist neben der *Budapest Open Access Initiative* aus dem Jahr 2001 (Budapester Initiative 2002) und dem – vor allem für die Biomedizin relevanten – *Bethesda Statement on Open Access Publishing* (Bethesda Statement 2003) die einflussreichste Open-Access-Initiative und ein Referenzrahmen für forschungspolitische Initiativen. Mittlerweile wird Offenheit in zahlreichen Richtlinien prominenter Wissenschaftsorganisationen gefordert bereits niedergeschlagen (siehe Tabelle 1).

Organisation	Publikation	Textauszug
Allianz der Deutschen Wissenschaftsorganisationen (2010)	Grundsätze zum Umgang mit Forschungsdaten	„[...] unterstützt die Allianz die langfristige Sicherung und den grundsätzlich offenen Zugang zu Daten aus öffentlich geförderter Forschung."
Schwerpunktinitiative Digitale Information (2015)* *Franke et al. (2015)	Research Data at Your Fingertips	„Wissenschaftlerinnen und Wissenschaftler aller Disziplinen [sollen bis 2025] auf alle Forschungsdaten einfach, schnell und ohne großen Aufwand zugreifen [können], um auf höchstem Niveau zu forschen und exzellente Ergebnisse zu erzielen."
Wissenschaftsrat (2012)	Empfehlungen zur Weiterentwicklung der wissenschaftlichen Informationsinfrastrukturen in Deutschland bis 2020	„Forschungsdaten sollten zum Zweck der Qualitätssicherung und Nachnutzung in geeigneten Forschungsdaten- und Datenservicezentren veröffentlicht werden."
Deutsche Forschungsgemeinschaft (2012)	Die digitale Transformation weiter gestalten – Der Beitrag der Deutschen Forschungsgemeinschaft zu einer innovativen Informationsinfrastruktur für die	„Die Maßnahmen zielen darauf ab, den möglichst offenen Zugang zu wissenschaftlich relevanter Information, zu Forschungsdaten sowie zur Arbeits- und Kommunikationsplattform zu optimieren."

Organisation	Publikation	Textauszug
	Forschung	
European Commission (2015)	Guidelines on Open Access to Scientific Publications and Research Data in Horizon 2020	„Regarding the digital research data generated in the action (‚data'), the beneficiaries must deposit [the data] in a research data repository and take measures to make it possible for third parties to access, mine, exploit reproduce and disseminate [...]"
National Science Foundation (2012)	Proposal and Award Policies and Procedures Guide	„Investigators are expected to share with other researchers, at no more than incremental cost and within a reasonable time, the primary data, samples, physical collections and other supporting materials created or gathered in the course of work under NSF grants."

Tabelle 1: Forschungsdatenrichtlinien wissenschaftlicher und politischer Organisationen

Großangelegte Förder- und Infrastrukturmaßnahmen flankieren die Rufe nach einer datenintensiveren und kollaborativen Forschung. So startete die *Europäische Kommission* mit ihrem bisher größten Forschungsförderungsprogramm *Horizon 2020* ein Pilotprojekt zum offenen Zugang zu Forschungsdaten (European Commission 2013). In den Richtlinien zu den beiden Förderbereichen *Future and emerging technologies, Research infrastructure* und *Leadership in enabling and industrial technologies* wird die Publikation von in Projekten gewonnen Daten verlangt. Der *Kommissar für Forschung, Wissenschaft und Innovation* der *Europäischen Kommission*, Carlos Moedas, kündigte 2015 an, dass die Europäische Union den Aufbau einer *European Open Science Cloud* finanzieren werde, die Wissenschaftlern Repositorien, Software und Datenservices zur Verfügung stellen soll (Jones 2015). Die Bundesregierung hat in der 2014 verabschiedeten Digitalen Agenda ebenso den besseren Zugang zu Forschungsdaten als eines ihrer Ziele verankert (BMWi 2014). Die *Leibniz-Gemeinschaft* fördert im Projekt *SowiDataNet* den Aufbau eines Datenrepositoriums für Daten aus den Sozial- und Wirtschaftswissenschaften (SowiDataNet 2015).

Es lässt sich festhalten, dass es einen breiten Konsens darüber gibt, Forschungsprimärdaten nachnutzbar online zur Verfügung zu stellen. Dieser Konsens baut auf dem Versprechen auf, dass der offene Zugang zu Forschungsdaten dem wissenschaftlichen Fortschritt zuträglich ist.

3 PERSPEKTIVEN AUF DEN WISSENSCHAFTLICHEN FORTSCHRITT

Die abstrakte Fortschrittshoffnung, die in der Offenlegung von Forschungsdaten liegt, lässt sich im Wesentlichen auf drei Perspektiven verdichten:

1 **Die Transparenzperspektive:** Die Verfügbarkeit von Daten publizierter Ergebnisse erhöht deren Reproduzierbarkeit und trägt zur Qualitätssicherung wissenschaftlicher Forschung bei (Kapitel 3.1).

2 **Die Synergieperspektive:** Die Verfügbarkeit von Forschungsdaten schafft Finanzierungsspielraum und Synergien, indem sie den Erhebungsaufwand für andere Forscher reduziert und dazu beiträgt, dass Mehrfacherhebungen vermieden werden (Kapitel 3.2).

3 **Die Methodenperspektive:** Die Verfügbarkeit von Forschungsdaten ermöglicht die Anwendung neuer Analyse- und Erhebungsmethoden, welche den methodischen Kanon erweitern und disziplinäre Praktiken

© Springer Fachmedien Wiesbaden GmbH, ein Teil von Springer Nature 2018
B. Fecher, *Eine Reputationsökonomie*,
https://doi.org/10.1007/978-3-658-20895-0_3

verändern (Kapitel 3.3).[7] Dazu zählen insbesondere datenbasierte Meta-Analysen in der Medizinforschung, aber auch Distant-Reading-Ansätze in den Digital Humanities.

3.1 TRANSPARENZPERSPEKTIVE: DATEN UND REPLIZIERBARKEIT

Die Transparenzperspektive besagt, dass durch den offenen Zugang zu Forschungsdaten datenbasierte Replikationsstudien möglich werden und dadurch die Qualität akademischer Forschung steigt.

Replizierbarkeit bezeichnet im Allgemeinen die Möglichkeit, ein Ergebnis zu wiederholen. Wenn unter gleichen Bedingungen und im Rahmen unvermeidbarer Messfehler, die gleichen oder sehr ähnliche Ergebnisse erzielt werden, wird das als erfolgreiche Replikation bezeichnet (z. B. Bierer et al. 2016). Den Versuch einer Replikation nennt man entsprechend eine Replikationsstudie. Der Begriff Replikation selbst ist durchaus mehrdeutig, wird disziplinär unterschiedlich verstanden und umfasst neben Re-Analysen häufig auch Kommentierungen (Zimmermann 2015).

---

[7] Neben den Vorteilen lassen sich – um diesen Punkt vorwegzunehmen – auch negative Effekte des Forschungsdatenaustausches geltend machen. Das betrifft die Nutzung wissenschaftlicher Daten für nicht-intendierte kommerzielle Zwecke (z. B. von Versicherungsunternehmen zur Beurteilung von Versicherten) oder der Verlust von Monopolprivilegien bei der Ergebnispublikation auf Seiten des Primärforschers. Der Punkt des nachteiligen Gebrauchs von Forschungsdaten wird in Abschnitt 4.3.1 näher behandelt.

DATENBASIERTE REPLIKATIONEN

Hier werden Replikationsstudien im engeren Sinne als die Wiederholung einer Analyse mit dem gleichen Datensatz und den gleichen Methoden (*narrow replication*) oder demselben Datensatz und neuen Methoden verstanden. Als Replikationen zählen ebenso Studien, die zum Zwecke der Überprüfung eines Ergebnisses, dieselben Methoden aber andere Daten (sogenannte *wide replication*) oder gar neue Daten und neue Methoden verwenden (Duvendack et al. 2015). Folgt man dem datenbasierten Ansatz von Replikation nutzt eine Replikationsstudie die einem Ergebnis zugrundeliegenden Daten. Das bedeutet, dass durch deren Offenlegung, auch die Überprüfbarkeit der Ergebnisse erhöht würde (AlQuraishi und Sorger 2016).

Mit Hinblick auf den zeitlichen und finanziellen Aufwand einer erneuten Erhebung und den damit einhergehenden methodischen Limitierungen (Hamermesh 2007), kann die Überprüfung eines Ergebnisses unter Verwendung der zugrundeliegenden Daten als ein angemessener Minimalstandard wissenschaftlicher Qualitätssicherung betrachtet werden (Chirigati et al. 2016). Eine erneute Erhebung von Ergebnissen zwecks deren Überprüfung ist zwar sinnvoll, beispielsweise um Messfehler zu vermeiden; sie ist aus Ressourcenerwägungen und methodologischen Limitierungen allerdings oft nicht zu leisten. Extrem kostenintensive Experimentieranlagen, wie der Teilchenbeschleuniger *Large Hadron Collider* oder das Weltraumteleskop *Hubble*, sind weltweit einmalig. Eine Wiederholung der Erhebung zwecks einer Ergebnisüberprüfung ist hier schon allein aus Ressourcenerwägungen nicht möglich. Im kleineren Maßstab gilt dieses Argument freilich auch für aufwendige, aber erheblich weniger kostenintensive, Erhebungen (z. B. sozialwissenschaftliche Panelstudien). Hinzu kommt ein methodologisches Argument: In der quantitativen Sozialforschung wird eine erneute Erhebung aufgrund sich ändernder Kontextbedingungen die alten Daten nicht replizieren können.[8] Die datenbasierte Replikation ermöglicht es beispielsweise Rechenfehler oder Spezifikationsprobleme zu entdecken (Parr und Cummings 2005; Hernán und Wilcox 2009; Peng 2011; Poisot et al. 2013).[9]

ZUR BEDEUTUNG VON REPLIKATIONSSTUDIEN

Der offene Zugang zu Forschungsdaten fördert die Selbstkorrektur der Wissenschaft, da alle Forscher mit den zugrundeliegenden Daten publizierte Ergebnisse überprüfen können. Nicht zuletzt vor dem Hintergrund zunehmend datenintensiver Forschung und dem Aufbau leistungsfähiger digitaler Dateninfrastrukturen werden datenbasierte Replikationen an Bedeutung gewinnen (McNutt 2014; McNutt 2016; Hey et al. 2009). Sie erfüllen eine (nach innen gerichtete) wissenschaftsethische und selbstre-

---

[8] In subjektiv arbeitenden Disziplinen wird ein Ergebnis durch die ständige Vermittlungsaktivität zwischen Feld und Forscher erzielt, so bei der „thick description" in der Ethnografie (Geertz 1973). In solchen Fällen ist der objektive Maßstab der Replikation – geradezu definitionsgemäß – nicht realisierbar. In der qualitativen Forschung wird daher eher von der intersubjektiven Nachvollziehbarkeit gesprochen, wonach ein Ergebnis nicht wiederholbar aber nachvollziehbar sein muss (Davidson 2004).

[9] So der Rechenfehler im DIW Wochenbericht Nr. 18/2016 zum Schrumpfen der Einkommensmittelschicht (DIW Berlin 2016)

gulierende Funktion sowie eine (nach außen gerichtete) gesellschaftliche Funktion.

Wissenschaftsethische Funktion. Nach Karl Poppers *kritischem Rationalismus* (2002, 2003) ist die noch nicht erfolgte Falsifikation – also das vorläufige Ausbleiben der Widerlegung einer wissenschaftlichen Aussage – das Leitprinzip wissenschaftlicher Forschung. Er fragt nicht, was eine These beweisen, sondern wie und ob man sie widerlegen kann (Falsifikationismus). Popper selbst beschreibt den kritischen Rationalismus als eine Denkart, „die zugibt, dass ich mich irren kann, dass du recht haben kannst und dass wir zusammen vielleicht der Wahrheit auf die Spur kommen werden" (Popper 2003, S. 281).

Der kritische Rationalismus hat daher handlungsorientierte Konsequenzen sowohl für den potenziell replizierenden als auch für den replizierten Forscher. Er begründet den Versuch einer Falsifikation und die Datenoffenlegung– und damit eventuell eine (notwendige) Einschränkung der wissenschaftlichen Freiheit. So gesehen ließe sich die Aufklärung von Statistik-Betrug und Datenmanipulation als ein eigenes Rechtsgut betrachten, das in die Abwägung zwischen informationeller Selbstbestimmung – als das Recht des Einzelnen über die Preisgabe und Verwendung seiner personenbezogenen Daten zu bestimmen – und Forschungsfreiheit einzubeziehen is (siehe hierzu Häder 2009). Eine ebensolche Abwägung lässt sich auch in Bezug auf die Überprüfbarkeit wissenschaftlicher Ergebnisse geltend machen (siehe auch Jasny et al. 2011; Fienberg et al. 1985). Hier besteht gewissermaßen ein Spannungsverhältnis zwischen der Forschungsfreiheit (im Sinne der Freiheit des Forschers im

Umgang mit seinen Daten) und dem Allgemeinwohl (im Sinne der Überprüfbarkeit der Ergebnisse aus akademischer Forschung).

Selbstregulierende Funktion. Replikationsstudien sind notwendig um wissenschaftlichen Betrug aufzudecken. 2004 erlang der Biomediziner Woo-Suk Hwang den Status einer internationalen Wissenschaftsikone aufgrund einer Reihe von Durchbrüchen in der Stammzellenforschung. Unter anderem behauptete er, menschliche Stammzellen geklont zu haben. Überprüfungen zeigten, dass Hwang den Großteil seiner Ergebnisse schlichtweg gefälscht hatte. Ähnlich verhielt es sich mit Jan Hendrik Schöns Ergebnissen zu organischen Transistoren in über 40 Publikationen in 2001, die frei erfunden waren und die Datenmanipulationen, die dem Verhaltensforscher Diederik Stapel nachgewiesen wurden (Lacetera und Zirulia 2009; Andreoli-Versbach und Mueller-Langer 2014). Replikationen haben insofern eine regulierende Innenwirkung.[10]

Für den einzelnen Wissenschaftler selbst kann die Replizierbarkeit der eigenen Arbeit von Vorteil sein. Sie kann als Qualitätssignal den Impact, die Sichtbarkeit und die Qualität von Artikeln steigern (siehe Begley und Ellis 2012; Brody 2006; Piwowar et al. 2007; Vandewalle 2009).

Gesellschaftliche Funktion. Replikationsstudien erfüllen weiterhin eine wichtige gesellschaftliche Funktion, indem sie helfen, politischen und wirtschaftlichen Entscheidungen aufgrund fehlerbehafteter Ergebnisse

---

[10] Luhmann bezeichnet Wissenschaft als „[...] ein autonomes, operativ geschlossenes, selbstreferentielles System", welches die Überprüfung durch ebendieses System einschließt (Luhmann 1992, S. 335)

vorzubeugen.[11] Viel zitiert ist in diesem Zusammenhang der Fall der Harvard-Ökonomen Reinhart und Rogoff (2010). Deren Studie *Growth in a Time of Debt* über den Zusammenhang von Staatsverschuldung und Wirtschaftswachstum diente dem EU-Währungskommissar Olli Rehn zur Rechtfertigung der Austeritätspolitik und damit strengen Haushaltskonsolidierungen (Smith 2013). Durch eine Replikationsstudie, auf Basis der von Reinhart und Rogoff verwendeten Daten, konnten Herndon et al. (2014) Fehler in den statistischen Berechnungen aufdecken und die Austeritätsthese falsifizieren.[12]

Das Beispiel Reinhart-Rogoff zeigt, dass wissenschaftliche Ergebnisse politische und wirtschaftliche Entscheidungen motivieren. Insofern haben Replikationsstudien eine wichtige Außenwirkung, die über die rein wissenschaftliche Sphäre hinausgeht.[13]

---

[11] Im Zuge des Statistikskandals bei der Bundesanstalt für Arbeit im Jahre 2002, bezeichnete Wagner (2002) den Aufbau einer informationellen Infrastruktur von Wissenschaft und Statistik sogar als „Good Governance" und begründet damit implizit den Auftrag der akademischen Wissenschaft ihre Ergebnisse überprüfbar zu machen.

[12] Reinhart und Rogoff wehrten sich – relativ erfolglos – gegen den Vorwurf der unkonventionellen Gewichtungsmethoden in einem Op-Ed-Artikel der Zeitung The New York Times (Reinhart und Rogoff 2013)

[13] Das Herndon-Beispiel zeugt vom Potenzial von Replikationsstudien in der Lehre: Der PhD-Student Herndon führte die Replikation im Rahmen einer Semesterarbeit durch.

ZWISCHEN IDEAL UND WIRKLICHKEIT

Obgleich Replikationsstudien eine Reihe wichtiger Funktionen erfüllen, ist die Replizierbarkeit von Ergebnissen disziplinübergreifend keineswegs selbstverständlich.

In der Psychologie spricht man im Zuge großangelegter und gescheiterter Replikationsversuche seit einigen Jahren gar von einer *Replikationskrise* (Ioannidis et al. 2009). In einer vielbeachteten Studie, die in der Fachzeitschrift *Science* veröffentlicht wurde, versuchten 270 Psychologen 100 psychologische Studien zu replizieren, die in den Top 3 Psychologiezeitschriften veröffentlicht wurden. Es gelang ihnen lediglich bei 39 Prozent der Studien (Open Science Collaboration 2015; Gilbert et al. 2016; Anderson et al. 2016). Boekel et al. (2015) versuchten fünf Korrelationsstudien aus der Gehirnforschung mit insgesamt 17 Effekten zu reproduzieren. Es gelang ihnen bei einem Effekt. Dewald et al. (1986) versuchten bereits vor dreißig Jahren die Ergebnisse aus publizierten Studien aus dem *Journal of Money, Credit and Banking* (JMCB) zu replizieren. Hierzu forderte Dewald, als Herausgeber der Zeitschrift, von einer Reihe zufällig ausgewählter JMCB-Studien, die zugrundeliegenden Daten an. Lediglich von einem Drittel der kontaktierten Autoren erhielt er die vollständigen Datensätze. Von den neun Studien, die die Forschergruppe damit reanalysieren konnte, gelang ihnen bei zweien die Replikation. McCullough et al. (2008) führten eine Replikationsstudie mit den Ergebnissen von 117 Artikeln der *Federal Reserve Bank of St. Louis Review* durch. Sie konnten neun Ergebnisse replizieren. Chang et al. (2015) versuchten 67 Artikel von 13 High-Impact-Journals aus den Wirtschaftswissenschaften zu replizieren, was ihnen bei 22 gelang (ähnlich Camerer et al. 2016).

In Anbetracht dieser Ergebnisse ließe sich provokant formulieren, dass die etablierte Form der Qualitätssicherung in der akademischen Forschung, das Peer-Review-Verfahren, nicht ausreicht, um die Richtigkeit wissenschaftlicher Ergebnisse sicherzustellen, da ja nachweislich über Disziplinen und Qualitätsniveaus (gemessen am Impact einer Zeitschrift) hinweg, Ergebnisse nicht wiederholbar sind. Auch im Kontext steigender Publikationszahlen (z. B. durch Mega-Journals[14]) drängt sich auch die Frage der Qualitätssicherung wissenschaftlicher Forschung auf.

GRÜNDE FÜR DIE FEHLENDE REPLIZIERBARKEIT

Die zitierten Studien zur mangelhaften Replizierbarkeit werfen die Frage auf, was die fehlende Replizierbarkeit erklärt. Der fehlende Zugang zu Publikationsdaten und deren mangelhafte Dokumentation kann dabei als ein Kernproblem identifiziert werden.

Datendokumentation: Ioannidis et al. (2009) führten eine Replikationsstudie anhand der Ergebnisse aus 18 veröffentlichten Forschungsartikeln zu Microarray-Studien durch. Obwohl bei allen Artikeln die Daten hinterlegt waren, konnte er in nur zwei Fällen die Ergebnisse komplett und in sechs teilweise replizieren; bei den anderen Artikeln war die Datendokumentation nicht ausreichend. Das Beispiel zeigt auch, dass die Verfügbarkeit von Daten allein noch wenig über deren Nachnutzbarkeit

---

[14] Mega Journals sind begutachtete wissenschaftliche Open-Access-Journals, die wie Publikationsplattformen funktionieren und weitaus größer sind als traditionelle Fachzeitschriften hinsichtlich der Zahl der veröffentlichten Artikel.

aussagt. Hinzu kommt das Problem, dass selbst Daten, die zugänglich sind (z. B. ALLBUS15- oder SOEP-Daten16), selten in ihrer publikationsspezifischen Auswahl und Bereinigung archiviert sind, was die Überprüfung anspruchsvoller Analysen, die auf spezifische Auswahl und Bereinigungen beruhen, erschwert (Vlaeminck et al. 2013).

Journal-Richtlinien: In einer Untersuchung von 141 Fachzeitschriften aus den Wirtschaftswissenschaften stellen Vlaeminck et al. (2013) fest, dass nur 29 (20 Prozent) der Zeitschriften über eine verpflichtende Richtlinie zur Bereitstellung von Forschungsdaten verfügten. Selbst verpflichtende Veröffentlichungsrichtlinien sagen noch relativ wenig über die tatsächliche Verfügbarkeit von Daten aus. Bei der Open-Access-Zeitschrift PLOS ONE, die 2014 eine weitreichende Richtlinie zur verpflichtenden Veröffentlichung von Forschungsdaten von Artikeln eingeführt hat, wurde im Rahmen einer internen Überprüfung festgestellt, dass bei 60 Prozent eines bestimmen Studientyps zu wenig Daten und Angaben für eine Replikation der Ergebnisse hinterlegt waren. Immerhin: Vor der Einfüh-

---

[15] Die Allgemeine Bevölkerungsumfrage der Sozialwissenschaften (ALLBUS) ist ein nationales Datengenerierungsprogramm für die gesellschaftliche Dauerbeobachtung (Social Monitoring) in der Bundesrepublik Deutschland.

[16] Das Sozio-oekonomische Panel ist eine repräsentative Panelbefragung von über 12.000 Privathaushalten in Deutschland und eine Infrastruktureinrichtung der Leibniz-Gemeinschaft. Die SOEP-Daten werden insbesondere von Sozial- und Wirtschaftswissenschaftlern für die Forschung verwendet (siehe auch Abschnitt 4.1).

rung der Richtlinien waren es nahezu 90 Prozent (Van Noorden 2014; PLOS ONE 2014).17

Proprietäre Daten: Vlaeminck et al. (2013) gehen im Kontext fehlender Replizierbarkeit auf das Problem proprietärer, d.h. urheberrechtlich geschützter Datensätze ein. In den Wirtschaftswissenschaften werden beispielsweise häufig Datensätze von privaten Firmen, zum Beispiel bei *Bloomberg* oder *Thomson Reuters,* eingekauft. Bei Ergebnissen, die auf solchen Datensätzen beruhen, ist die Re-Analyse nur für Forscher möglich, die über den Zugang verfügen oder sich einen solchen erkaufen.

Der eigentliche Replikationsversuch scheitert folglich schon daran, dass Primärforscher ihre Daten nicht öffentlich archivieren, dass sie nicht wissen, wie sie Daten dokumentiert sollen (oder es nicht tun wollen), dass Fachzeitschriften die Offenlegung der zugrundeliegenden Daten publizierter Ergebnisse gar nicht erst verlangen (oder nicht durchsetzen) und dass verwendete Daten oft proprietär oder eigentumsrechtlich geschützt sind. Der Status quo der Replizierbarkeit ist weit entfernt von Poppers Ideal des Falsifikationismus und den politischen Hoffnungen einer transparenteren Forschung.

---

[17] Auch wenn es hierzu weiterer Forschung bedarf, legt diese Veränderung zumindest nahe, dass allein die Offenlegungspflicht für die einer veröffentlichten Studie zugrundeliegenden Daten einen positiven Abschreckungseffekt auf Forschende haben könnte.

REPLIKATIONSSTUDIEN FÜR FORSCHER UNATTRAKTIV

Zwar ist die Replizierbarkeit von Ergebnissen gesamtwissenschaftlich wünschenswert, für den einzelnen Forscher jedoch relativ unattraktiv. Hierzu sagt Park (2004, S. 194):

The problem is that [a replication study] is seldom attempted because it is difficult to successfully accomplish and it carries more risk than potential reward for both the replicator and the originator of the research.

Demnach sind Replikationsstudien aufwendig und in der Durchführung, riskant, weil nicht alle Variablen kontrolliert werden können. Und sie sind nur wenig ertragreich, denn erfolgreiche Replikationen werden bislang so gut wie nicht publiziert (Zimmermann 2015). Hamermesh stellt für Wirtschaftswissenschaftler amüsiert fest (2007, S. 1):

Economists treat replication the way teenagers treat chastity—as an ideal to be professed, but not to be practiced.

Angesichts der geringen Anreize und des hohen Aufwands ist die verhaltene Begeisterung, in diesem Fall passenderweise der Ökonomen, für die die Replikation von Ergebnissen anderer, rational. Es handelt sich bei der vielzitierten Krise der Replikation vielleicht eher um eine Krise der akademischen Anreizmechanismen.

Offenheit in Bezug auf Forschungsdaten, beinhaltet also auch eine Reflexion darüber, was die Attraktivität der Nachnutzung zum Zwecke der Überprüfung von Ergebnissen erhöhen kann. Mögliche Ansatzpunkte sind die Erhöhung der Publizierbarkeit von Replikationsstudien, die Durchführung von Replikationen im Rahmen der universitären Ausbildung oder die Pre-Registrierung von Studien, bei der Erhebungsmethoden, Untersuchungsdesign und Datenmanagementpläne vor Studiendurchführung publiziert werden (Open Science Collaboration 2015; Landis et al. 2012).

3.2 SYNERGIEPERSPEKTIVE: EFFIZIENZ, EFFEKTIVITÄT UND EXTERNE EFFEKTE

Durch die Nutzung von Forschungsprimärdaten in anderen Kontexten entstehen Synergiepotenziale. Durch den offenen Zugang zu Forschungsdaten können etwa Mehrfacherhebungen vermieden und Forschungsfragen ohne eigenen Erhebungsaufwand beantwortet werden. Nielsen (2010) erkennt darin in dieser netzwerkartigen Wissensproduktion das Potenzial, den wissenschaftlichen Fortschritt dramatisch zu beschleunigen. Die Synergieperspektive lehnt sich in dem arbeitsteiligen und internetbasierten Produktionslogik an Open-Innovation-Ansätze an **und charakterisiert Wissenschaft als ein kollaboratives Unterfangen jenseits institutioneller Grenzen (Edwards 2016; Chesbrough 2003).**

EFFIZIENZ UND EFFEKTIVITÄT ARBEITSTEILIGER FORSCHUNG

Das Effizienz- und Effektivitätspotenzial arbeitsteiliger Forschung lässt sich gut an der Humangenomforschung veranschaulichen. Als Teil eines internationalen Forschungsverbunds wurde im Jahr 1990 das Humangenomprojekt initiiert. Ziel des Projekts war es, das menschliche Genom bis

2005 vollständig zu sequenzieren (Sawicki et al. 1993; Lander et al. 2001).[18] Das Projektziel wurde wesentlich früher, im Jahr 2001, erreicht.[19]

Ein entscheidender Faktor für das frühzeitige Erreichen des Projektziels war die Verabschiedung der sogenannten *Bermuda-Principles* (benannt nach dem Tagungsort) im Jahr 1996 (Yozwiak et al. 2015). Bei den Bermuda-Prinzipien handelt es sich im Wesentlichen um Richtlinien für die Verfügbarmachung der im Verbund gewonnen Daten. Sie besagen unter anderem, dass DNA-Datensammlungen innerhalb von 24 Stunden nach ihrer Erhebung zu veröffentlichen sind, also vor einer Ergebnispublikation (sog. *prepublication data sharing*; Birney et al. 2009; Collins et al. 2003). Die verpflichtende Offenlegung der Daten gilt als einer der Hauptfaktoren für die schnelle Entschlüsselung des menschlichen Genoms (Nielsen 2010).[20]

Ein weiteres Beispiel für das Effizienz- und Effektivitätspotenzial einer gemeinsamen Datenressource ist der *Sloan Digital Sky Survey* (SDSS), ein Verbundprojekt von Forschungsinstituten in den USA, Japan, Korea und Deutschland. Beim SDSS geht es um die Durchmusterung des Himmels, also die systematische Durchsuchung des Himmels nach Objekten und

---

[18] Das menschliche Genom enthält sämtliche vererbbare Informationen; die Humangenomdaten sind daher die wichtigste Grundlage für die Erforschung von Erbkrankheiten.

[19] Das Ergebnis wurde 2001 verkündet. Ein überarbeiteter Bericht über die vollständige Sequenzierung wurde 2004 veröffentlicht (Human Genome Sequencing Consortium 2004).

[20] Eine ähnliche Bedeutung des Forschungsdatenaustausches wird auch beim Nachweis der Gravitationswellen angeführt (Cho 2016).

die Bestimmung deren Entfernung zueinander (Kent 1994). Die Ergebnisse einer Himmelsdurchmusterung werden in der Regel in einem Sternkatalog festgehalten.

Ein großer Teil der SDSS-Daten (z. B. Farbbilder von Galaxien) sind öffentlich zugänglich (Alam et al. 2015).[21] Aufgrund der SDSS-Daten konnte die bisher größte dreidimensionale Karte des Universums von einem Drittel des Himmels erstellt werden. Für die Relevanz der SDSS-Daten für astronomische Gemeinschaft spricht auch, dass sie in mehr als 5.800 Peer-Reviewed-Publikationen verwendet wurden (SDSS 2015).[22]

Das Effizienzpotenzial bezieht sich demnach vorrangig auf die Vermeidung von Mehrfacherhebung und die synergetische Nutzung gemeinsamer Datenressourcen, was sich effektiv in der Anzahl der wissenschaftlichen Publikationen (als ein Indikator des wissenschaftlichen Erkenntnisgewinns) niederschlägt.

POSITIVE EFFEKTE AUSSERHALB DER WISSENSCHAFT

Neben der Steigerung der Effizienz und Effektivität, was vorrangig auf die Wissenschaft selbst einzahlt, lassen sich positive externe Effekte außer-

---

[21] Zum Zeitpunkt des Verfassens wurde das 12. Datenpaket veröffentlicht (SDSS 2016).

[22] Auch kleine Forscherteams betreiben mittlerweile die Offenlegung ihrer Daten strategisch. Das Neurological Institute and Hospital an der McGill University in Montreal (Owens 2016) stellt alle Daten und Publikationen unter offenen Lizenzen bereit. Darüber hinaus werden die an den Forschungsprojekten beteiligten Kollaborateure (ob privat oder öffentlich) dazu verpflichtet, keine Patente aus der Forschung anzumelden.

halb der Wissenschaft als Synergiepotenziale geltend machen. Das betrifft die kommerzielle Verwendung von Daten oder die Verwendung von Daten für Transferleistungen.

Kommerzielle Nutzung: Williams (2013) untersuchte die kommerzielle Nutzung von Humangenomdaten anhand von zwei Datensätzen. Ein Datensatz war über den Zeitraum von zehn Jahren nur kommerziell und restriktiv zugänglich, das andere war gemeinfrei. Williams konnte aufzeigen, dass die ökonomische Aktivität bei den gemeinfreien Daten um circa 30 Prozent höher war (gemessen an Einträgen in der Online-Datenbank *GeneTests.org*[23]). Die Daten des *US National Weather Service (NWS)* werden ebenfalls von privaten Wetterunternehmen genutzt, was einem Wirtschaftswert – gemessen am Umsatz – von circa 1,4 Milliarden Euro entsprechen soll (OECD 2015). Die Bilddaten der Landsat-Satelliten[24] der NASA werden von *Google Earth* genutzt. Insofern profitieren von offen zugänglichen Forschungsdaten nicht nur Forscher, sondern in Einzelfällen auch private Unternehmen.

Transfer: Ein Beispiel, dass das Transferpotenzial gut zum Ausdruck bringt sind Bürgerwissenschaftsprojekte. Die SDSS-Bilddaten werden beispielsweise auch für das, nach Nutzerzahlen erfolgreichste, Bürgerwissenschaftsprojekt *Galaxy Zoo* verwendet (Darg et al. 2010; Franzoni und Sauermann 2014). Bei Galaxy Zoo annotieren freiwillige Internetnutzer die SDSS-Bilder und können so die ersten sein, die eine eigenen Planeten

---

[23] GeneTests.org ist das meist genutzte Directory für genetische Tests.

[24] Landsat-Satelliten sind Erdbeobachtungssatelliten der NASA (NASA 2016).

entdecken. Viele Bürgerwissenschaftsprojekte nutzen Daten aus öffentlicher Forschung, um Bürger aktiv in die Forschung zu integrieren. Somit partizipieren Bürger an der Wissenschaft und erfüllen wichtige Annotationsaufgaben, die ohne die Skaleneffekte internetbasierte Dienste undenkbar sind.

3.3 METHODENPERSPEKTIVE: DATENBASIERTE METHODEN

Die Methodenperspektive besagt, dass die Verfügbarkeit von Daten die Anwendung von Erhebungs- und Analysemethoden ermöglicht, die auf der Aggregation mehrerer Datensätzen beruhen. Exemplarisch wird hier die Meta-Analyse vorgestellt, die in ihrer datenbasierten Spezifikation bereits in verschiedenen Disziplinen Anwendung findet.

SIEGESZUG DER META-ANALYSE

Ausgehend von einem Beitrag von Glass (1976) hat sich die Meta-Analyse als ein Verfahren zur Systematisierung von Ergebnissen über die evidenzbasierte Medizin hinaus längst in allen empirisch arbeitenden Disziplinen etabliert (Davis et al. 2014). Selbst in der Soziologie gehört die Meta-Analyse zum anerkannten Methodenkanon. Zu erwähnen sind hier die Meta-Analyse von Jose et al. (2010) zum Einfluss vorehelicher Lebensgemeinschaften auf die Stabilität von Ehen, die von Shor et al. (2012) zum Einfluss der Verwitwung auf das Sterberisiko des Ehepartners oder die von Wagner und Weiß (2004) über Einflussfaktoren auf Ehescheidungen.

Letztere ist auch deshalb interessant, da sie auf nur sechs Studien – vor allem Großstudien (u. a. SOEP) – beruht.[25]

WARUM META-ANALYSEN?

Ausgangspunkt der Meta-Analyse ist die hohe Anzahl empirischer Ergebnisse in schnell wachsenden Forschungsgebieten und der daraus erwachsende Bedarf, diese analytisch zu strukturieren (Leonhart und Maurischat 2004). Meta-Analysen sind dann sinnvoll, wenn die Stichproben von Primärstudien zu klein sind, um vertrauenswürdige Ergebnisse zu liefern (Klein et al. 2013). Sie dienen zudem der Prüfung der Robustheit von Aussagen, indem ähnliche Studien, die unterschiedliche Definitionen, Daten und Methoden verwenden, miteinander verglichen werden (Keus et al. 2009). Meta-Analysen ermöglichen zudem die Aufklärung von Heterogenität zwischen verschiedenen Erhebungen durch den Vergleich einer gemeinsamen Schnittmenge verschiedener Stichproben (z. B. Altersgruppen). Und: Sie wirken dem Publikationsbias, also der verzerrten Darstellung der Datenlage in wissenschaftlichen Zeitschriften aufgrund der Tendenz, Studien mit signifikanten Ergebnissen zu veröffentlichen, entgegen. Denn für die Durchführung von Meta-Analysen mit Originaldaten spielen die in Artikeln publizierten Ergebnisse keine Rolle.

---

[25] Probleme für die Durchführung von Meta-Analysen auf Basis von Ergebnissen in der Soziologie bereiten Berechnungen, die sich durch unterschiedliche Variablen unterscheiden, die konstant gehalten werden und in der Gestalt unterschiedlicher Modelle in die Meta-Analyse eingehen (Wagner und Weiß 2004).

META-ANALYSEN MIT PRIMÄRDATEN

Es können drei Typen von Meta-Analysen unterschieden werden. Typ 1 fasst Studien zusammen (klassische Literaturübersicht). Typ 2 basiert auf Studienergebnissen (z. B. Zusammenfassungsstatistiken) und Typ 3 nutzt eine Vielzahl von Datensätzen und wertet diese aus (Blettner et al. 1999). Speziell der letzte Typ wird im Zuge datenintensiver Forschung wichtiger. Meta-Analysen mit individuellen Patientendaten, anstelle von Zusammenfassungsstatistiken (Typ 2), gelten in der evidenzbasierten medizinischen Forschung mittlerweile als der Goldstandard (Thomas et al. 2014). In der Krebsforschung, in der zunehmend auf individuelle Therapiemethoden gesetzt wird, ermöglichen Meta-Analysen umfassendere und granularere Faktorenanalysen (Ward 2014).[26]

FEHLENDER ZUGANG ZU DATEN

Voraussetzung für die Durchführung von datenbasierten Meta-Analysen (Typ 3) ist die Verfügbarkeit von Datensätzen (Ahmed et al. 2012; Reid et al. 2016; Hunter et al. 2004). Leonhart und Maurischkat (2004) erkennen in dem fehlenden Zugriff auf Forschungsprimärdaten ein Haupthindernis

---

[26] Gerade Medizinforscher haben ein gespaltenes Verhältnis zur Offenlegung ihrer Daten. Einerseits ist der Mehrwert von Meta-Analysen gerade in der Medizinforschung absolut anerkannt. Andererseits werden Daten aus datenschutzrechtlichen Gründen selten offengelegt. Darüber hinaus herrscht hier häufig die Erwartung, dass die Dateproduzenten bei der Nutzung Daten eine Ko-Autorenschaft erhalten (Longo und Drazen 2016)

für die Durchführung von Meta-Analysen. Zum Mangel medizinischer Patientendaten in der Krebsforschung bemerkt Floca (2014, S. 298):

> *The current situation can [...] be characterized as too few cases for too many factors. The size of sample sets even large institutions can collect is too small for evidence-based and highly stratified medicine.*

Sommer (2010) führt die fehlende Datenbasis in evidenzbasierter Medizin in seinem Artikel „The delay in sharing research data is costing lives" auf die geringe Bereitschaft von Forschenden zurück, ihre Daten frühzeitig zu teilen und nimmt im Titel zugespitzt die Hauptaussage des Artikels vorweg.[27] Für den fehlenden Zugang zu Forschungsdaten in der evidenzbasierten Medizin identifizieren Leonhart und Maurischkat (2004) forschungsethische und datenschutzrechtliche Gründe[28], wechselndes Forschungspersonal, das die erhobenen Daten mitnimmt und mangelhaftes Datenmanagement („schwer zu durchschauende Daten-

---

[27] Ähnlich argumentieren der Herausgeber von The Lancet (2011) und Jaspers und Dagraeuwe (2014).

[28] Eine interessante Entwicklung stellt indes die Erhebung von Patientendaten mit Hilfe von Smartphones dar. Im Frühjahr 2015 veröffentlichte Apple eine Software auf deren Basis Diagnose-Apps für das iPhone entwickelt werden können (Moynihan 2015). Besitzer von iPhones können Programme herunterladen und an medizinischen Studien teilnehmen. Die iPhones in Nutzerhänden könnten so als wirkungsvolle Werkzeuge der Datenerhebung fungieren, die die Teilnahmehürden für Patienten senken und die Stichprobengröße erheblich vergrößern.

struktur mit vielen Einzeldatenfiles, wobei oft der finale Datensatz nicht ersichtlich ist", ebd. S. 28).

Zusammenfassend lässt sich ein methodisches Innovationspotenzial auf Basis offener Daten geltend machen. Eine ähnliche Argumentationslogik wie im Fall der Meta-Analysen ließe sich für computergestützte Textanalysen oder perspektivisch für Big-Data-Analysen[29] anwenden. Insofern hat der offene Zugang von Forschungsdaten das Potenzial, datenintensive Methoden zu ermöglichen.

---

[29] Künftig könnten kleine Forschergruppen Datenproduzenten für Big-Data-Analysen sein, wie Marx (2013, S. 257) für die Humangenomforschung prognostiziert: „As prices drop for high-throughput instruments such as automated genome sequencers, small biology labs can become big-data generators."

3.4 DATEN ALS SCHLÜSSEL FÜR DEN WISSENSCHAFTLICHEN FORTSCHRITT

Rückblickend auf dieses Kapitel lässt sich feststellen, dass die Erwartungen, die politische Entscheidungsträger in die Offenlegung von Forschungsdaten setzen, begründet sind. Beeindruckende Beispiele aus der Großgeräteforschung (z. B. CERN) und institutionellen Dateninfrastrukturservices (z. B. SOEP) zeigen bereits in der Praxis, dass im Forschungsdatenaustausch ein enormes synergetisches Potenzial liegt. Die Nutzung von Sekundärdaten ist eine Form der wissenschaftlichen Zusammenarbeit; genau genommen kennzeichnet sie sogar eine neue, modularere Form der wissenschaftlichen Kollaboration jenseits der Ko-Autorenschaft. Sie würde Forschung transparent machen und somit helfen, Mehrfacherhebungen zu vermeiden.

Der offene Zugang zu Forschungsdaten hat somit einerseits ein **Effektivitätspotenzial**, in dem er den Publikationsoutput durch die Nutzung alter Daten für neue Fragestellungen erhöht. Er hat ein **Effizienzpotenzial**, indem er Mehrfacherhebungen vermeidet. Er hat ein **Qualitätspotenzial**, indem er die Replizierbarkeit von veröffentlichten Ergebnissen ermöglicht. Und er hat **Innovationspotenzial**, in dem er die Verwendung von Datensätzen für (neue) datenbasierte Methoden ermöglicht. Hierauf begründet sich das Fortschrittsversprechen des offenen Zugangs zu Daten.

4 SYSTEM DES DATENAUSTAUSCHS

4.1 METHODE: SYSTEMATIC REVIEW UND SEKUNDÄRDATENNUTZERBEFRAGUNG

In den vorangegangenen Kapiteln wurden die Chancen des offenen Zugangs zu Forschungsdaten in Bezug auf den erhofften wissenschaftlichen Fortschritt dargelegt. Aufbauend auf diesen deskriptiven Kapiteln dient das folgende analytische Kapitel der Klärung der übergeordneten Frage, welche Faktoren die Offenlegung von Forschungsdaten bedingen. Hier wird eine Systemsicht eingenommen, bei der die wesentlichen Akteure, Organisationen sowie rechtlichen, ethischen und wissenschaftskulturellen Faktoren identifiziert und in einen empirisch überprüften und sinnhaften Zusammenhang gebracht werden. Zu diesem Zweck wurde eine Systematic Review der Forschungsliteratur von 2002 bis 2013 und eine Befragung von 603 Sekundärdatennutzern durchgeführt. Die methodische Vorgehensweise ist in dargestellt.

Abbildung 2: Untersuchungsdesign (Systemblick) dargestellt.

© Springer Fachmedien Wiesbaden GmbH, ein Teil von Springer Nature 2018
B. Fecher, *Eine Reputationsökonomie*,
https://doi.org/10.1007/978-3-658-20895-0_4

SYSTEMBLICK AUF DEN DATENAUSTAUSCH

Was bedingt die Bereitstellung und Nachnutzung von Forschungsdaten?
(siehe Kapitel 4.1)

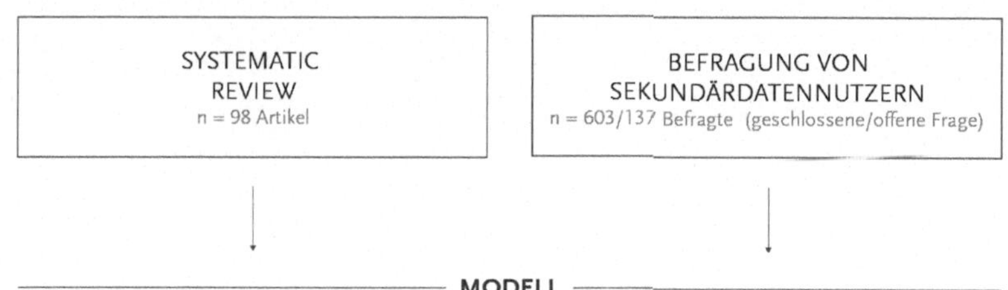

Systematisches Modell der relevanten Akteure, Entitäten und Kontextbedingungen für den
Forschungsdatenaustausch (siehe Kapitel 4.2)

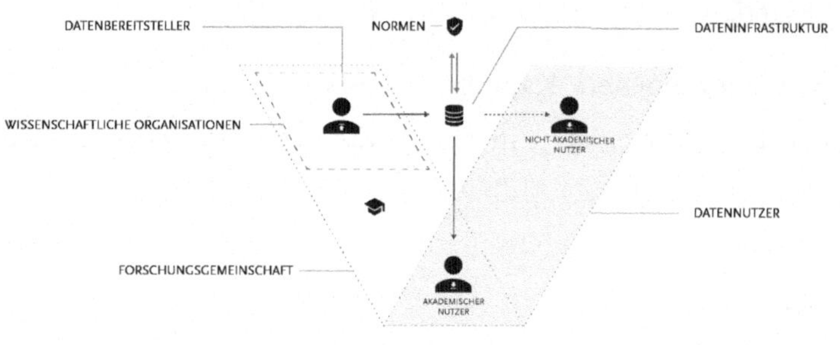

PERSPEKTIVE DES PRIMÄRFORSCHERS

Abbildung 2: Untersuchungsdesign (Systemblick)

SYSTEMATIC REVIEW

Traditionell finden Systematic Reviews in der evidenzbasierten Medizin Anwendung; vereinzelt auch in anderen Disziplinen, wie den Sozialwissenschaften (Petticrew 2006; Fehr et al. 2015). Sie dienen der vollständigen Erfassung, Strukturierung und kritischen Reflexion des Forschungsstandes zu einem Thema (Cochrane Collaboration 2008; Booth et al. 2012). Grundlage für Systematic Reviews ist die veröffentlichte wissenschaftliche Literatur. Khan et al. (2011) zufolge besteht die Systematic Review aus fünf Schritten, an denen sich auch die folgende Abschnitte orientieren:

1 Es wird eine Forschungsfrage formuliert, die den Untersuchungsgegenstand abbildet.

2 Die Forschungsfrage wird in Suchbegriffe übersetzt und Auswahlkriterien für die Literaturrecherche definiert.

3 Literaturdatenbanken werden mit den Begriffen durchsucht und relevante Artikel nach den definierten Auswahlkriterien identifiziert.

4 Die Artikel, welche die Auswahlkriterien erfüllen, werden analysiert.

5 Die Ergebnisse werden dargestellt und interpretiert.

Die Vorteile des regelgeleiteten und schrittweisen Vorgehens liegen in der Nachvollziehbarkeit der Literaturauswahl sowie in der systematischen Darstellung des Forschungsstandes.[30]

---

[30] Eine verkürzte Version der hier vorgestellten Systematic Review wurde bei PLOS ONE veröffentlicht (Fecher et al. 2015).

FORSCHUNGSFRAGE UND SUCHKRITERIEN

Aus der Forschungsfrage „Was bedingt die Bereitstellung und Nachnutzung von Forschungsdaten?" wurden Selektionskriterien für die Textauswahl abgeleitet (siehe Tabelle 2).

	Suchkriterien	**Operationalisierung**
Harte Suchkriterien	Sprache: Die Publikation muss auf Englisch erschienen sein. Suchterm: Der Suchterm „data sharing" (od. „datasharing") muss im Titel, in den Keywords oder im Abstract eines Artikels vorkommen. Zeitraum: Der Artikel muss zwischen dem 01.12.2001 und dem 15.11.2013 veröffentlicht sein.	Systematische Datenbankauswahl
Weiche Suchkriterien	Inhalt: Der Artikel muss die Bereitstellung oder Nachnutzung von Forschungsdaten durch Einzelforscher thematisieren.	Auswahl durch Kodierer

Tabelle 2: Suchkriterien für Datenbankrecherche

Hart sind Suchkriterien insofern, wenn sie objektiv (z. B. in den Suchoptionen) angewandt werden können. Weich sind Suchkriterien, wenn sie nur subjektiv anwendbar sind und – im Sinne der intersubjektiven Nachvollziehbarkeit (Davidson und Schulte 2004) – der Übereinstimmung mehrerer Kodierer[31] bedürfen.

Sprache. Bei der Recherche wurden englischsprachige Publikationen berücksichtigt, da Englisch die lingua franca für wissenschaftliche Fachzeitschriften ist. So sind 80 Prozent aller Journale, die in der bibliografischen Datenbank *Scopus* gelistet sind, in englischer Sprache verfasst (Tardy 2004).

Suchterm. Mit „data sharing" wurde ein Suchterm definiert, der eine hohe Anzahl von Ergebnissen hervorruft. Auf der einen Seite erhöht dies den Selektionsaufwand der Kodierer. Auf der anderen Seite erhöht sich bei diesem Vorgehen auch die Wahrscheinlichkeit, dass mehr relevante Publikationen gefunden und berücksichtigt werden. Hier wurde der Vorteil einer hohen und möglichst vollständigen Zahl relevanter Texte gegenüber dem Nachteil des hohen Selektionsaufwandes als wichtiger bewertet.

Zeitraum. Der Beginn des Erhebungszeitraums geht einher mit dem Beginn der *Budapester Open Access Initiative*, die am 1.12.2001 in Budapest stattfand und erste Leitlinien für Open-Access-Publikationen

---

[31] Ein Kodierer untersucht im Sinne der qualitativen Inhaltsanalyse einen Text nach inhaltlichen Kategorien. Wenn mehrere Kodierer das gleiche textuelle Datenmaterial analysieren und miteinander abgleichen, erhöht das die Reliabilität des Kategoriensystems.

formulierte (Budapester Initiative 2002). Die Annahme ist hier, dass das Gros der Literatur zum offenen Zugang zu Forschungsdaten in den Zeitraum nach der Budapester Erklärung fällt. Der Endzeitpunkt der Erhebung, der 15.11.2013, war im Rahmen des Ablaufplans der Gesamterhebung (inklusive der Befragung in Kapitel 5), der aktuell möglichste.

Inhalt. Die beiden weichen, inhaltlichen Suchkriterien wurden aus dem Untersuchungsinteresse übersetzt. Da sie nicht objektiv durch Suchfunktionen anwendbar sind, wurden zur Selektion neben dem Autor zwei weitere Kodierer[32] hinzugenommen. So wurden Artikel aussortiert, die zwar den Forschungsdatenaustausch behandeln, allerdings nicht die Perspektive des Primärforschers (z. B. rein technische Artikel) oder andere Kontexte (z. B. Open Government Data) berücksichtigen.

LITERATURAUSWAHL

Da wenig empirische Befunde über das Bereitstellungs- und Nachnutzungsverhalten von Forschungsdaten vorliegen und es das Ziel dieses ersten Erhebungsschrittes ist, im Sinne der induktiv-explorativen Vorgehensweise, auch bisher nicht überprüfte Zusammenhänge zu identifizieren (und in der Befragung in Kapitel 4 zu überprüfen), wurden in die Literaturauswahl nebst Forschungsartikeln auch Positionspapiere

---

[32] Sascha Friesike (Universität Würzburg & Alexander von Humboldt Institut für Internet und Gesellschaft) und Marcel Hebing (Deutsches Institut für Wirtschaftsforschung & Alexander von Humboldt Institut für Internet und Gesellschaft).

aufgenommen. Insofern wurde die Methode der Systematic Review, die traditionell nur Ergebnisse systematisiert, hier modifiziert. Dies betrifft neben der Auswahl der Literatur (z. B. auch Policy Paper), auch die Hinzunahme der Antworten aus der Sekundärdatennutzerbefragung sowie die Analyse in Form einer qualitativen Inhaltsanalyse.

Mit *EBSCO, JSTOR, PLOS, ProQuest, ScienceDirect, Springer* und *Wiley* wurden Literaturdatenbanken gewählt, die ein breites Spektrum wissenschaftlicher Publikationen abdecken. Die Datenbanken wurden mit dem gewählten Suchterm und anhand der aufgestellten Suchkriterien durchsucht. Abbildung 3 bildet in Form eines Flow-Diagramms den stufenweisen Selektionsprozess ab. Die einzelnen Schritte der Literaturselektion sind in

Abbildung 3 dargelegt. Mit der Datenbanksuche wurden insgesamt 9796 Publikationen gefunden, die „data sharing" in Titel oder Abstract hatten. In einem ersten Selektionsschritt, der **Identifikation**, wurden 172 Artikel ausgeschlossen, die entweder mehrfach im Sample oder beschädigt (z. B. fehlerhafte PDFs) waren.

Aufgrund der hohen Fallzahl (n = 9634) wurden die Artikel unter den drei Kodierern verteilt, die anhand des Abstracts entschieden, ob ein Artikel für die Volltextbetrachtung berücksichtigt wird. Diese **erste Sichtung** führte zu 183 Artikeln, die für die Analyse in Frage kamen. Die hohe Anzahl entfernter Artikel nach der ersten Sichtung erklärt sich daraus, dass sie sich auf völlig andere Kontexte bezogen. Der Begriff „data sharing" findet auch in nicht-wissenschaftlichen Feldern Verwendung.

In der **zweiten Sichtung** wurden die 183 verbliebenen Artikel von allen Kodierern gelesen und auf einem Kodierblatt mit den Variablen „ja" (=

erfüllt die Auswahlkriterien) beziehungsweise „nein" (= erfüllt die Auswahlkriterien nicht) bewertet. Nur die Artikel wurden analysiert, die von allen drei Kodierern als konform mit den inhaltlichen Auswahlkriterien mit „ja" bestätigt wurden. Diejenigen Artikel, die bei denen die Bewertungen nicht eindeutig bewertet wurden, wurden gruppenintern diskutiert und fallbezogen aufgenommen oder aussortiert. Dieser letzte Selektionsschritt resultierte in der Anzahl von n = 98 Artikeln, die in der Folge analysiert wurden.

Der Selektionsprozess wurde in einer CSV-Tabelle dokumentiert. Fünf der Artikel im finalen Sample wurden erst durch eine begleitende Expertenbefragung gesichtet. Davon sind drei nicht im Untersuchungszeitraum veröffentlicht (Overbey 1999; Sieber 1988; Stanley und Stanley 1988), sie wurden aufgrund ihrer hohen thematischen Relevanz aufgenommen.

IDENTIFIKATION

IDENTIFIZIERTE PUBLIKATIONEN IN DEN DATENBANKEN
n = 9 796

ARTIKEL AUS DER EXPERTENBEFRAGUNG
n = 10

Entfernte Artikel aufgrund von Duplikaten und fehlerhaften Quellen
n = 172

---

1. SICHTUNG

GESICHTETE PUBLIKATIONEN
n = 9 634

Entfernte Artikel nach erster Sichtung
n = 9 453

---

2. SICHTUNG

ÜBERPRÜFTE VOLLTEXTE
n = 183

Entfernte Artikel nach zweiter Sichtung
n = 85

STICHPROBE

ARTIKEL IN DER SYSTEMATIC REVIEW
n = 98

Abbildung 3: Flow-Diagramm Literaturauswahl

SEKUNDÄRDATENNUTZERBEFRAGUNG

Die wissenschaftliche Literatur bildet lediglich den publizierten Diskurs. Um sicherzustellen, dass auch andere relevante Faktoren, über die nicht in Fachzeitschriften geschrieben worden ist, identifiziert werden, wurde eine Befragung von Sekundärdatennutzer der *Leibniz-Längsschnittstudie Sozio-oekonomisches Panels* (SOEP) am *Deutschen Institut für Wirtschaftsforschung* (DIW) durchgeführt (www.leibniz-soep.de).

Das SOEP ist eine repräsentative Befragung von circa 11.000 Privathaushalten mit über 30.000 Personen in Deutschland (Wagner et al. 2007). Die SOEP-Daten stehen der wissenschaftlichen Gemeinschaft über das Forschungsdatenzentrum des SOEP zur Verfügung. Bei der Sekundärdatennutzerbefragung handelt es sich um einen jährlichen webbasierten Usability-Survey, der sich an die Nutzer der SOEP-Daten richtet. Das Forschungsdatenzentrum des SOEP versorgt circa 500 aktive Nutzergruppen mit mehr als 1000 Forschern, die jährlich auf die Daten zugreifen. Diese werten die SOEP-Daten für wissenschaftliche Publikationen aus; dürfen die Mikro-Daten selbst allerdings aus Datenschutzgründen nicht veröffentlichen (DIW Berlin 2015; Frick et al. 2010).

Die Entscheidung, SOEP-Nutzer über ihr Offenlegungsverhalten zu befragen erklärt sich daraus, dass diese Gruppe über Erfahrung mit der Nachnutzung von Forschungsdaten verfügt. Es ist zu erwarten, dass sie eine informierte Auskunft darüber geben können, was für oder gegen eine Offenlegung spricht.

Die SOEP-Nutzerbefragung von 2013 enthielt drei Fragen zur Bereitstellung von Forschungsdaten (siehe Tabelle 5). Neben einer geschlossenen Frage (F1) zur generellen Bereitschaft, Daten und Skripte bereitzustellen, wurden zwei offene Fragen integriert. Eine der Fragen (F2) zielt auf Anreize, Daten und Analyseskripte bereitzustellen ab; die andere (F3) auf Bedenken. Die Antworten zu den Fragen F2 und F3 wurden analog zu den textuellen Daten aus der Systematic Review mittels einer qualitativen Inhaltsanalyse mit der Software *NVivo* ausgewertet.

Die Frage F1 dient zur ersten explorativen Überprüfung des Forschungsproblems, nämlich dass ein Großteil der Forscher nicht dazu bereit ist, Daten und Analyseskripte öffentlich – im Sinne der Definition in 2.1 – bereitzustellen. Die explizite Abfrage von Analyseskripten erklärt sich daher, dass deren Anfertigung einer der wesentlichen Arbeitsschritte des einzelnen SOEP-Nutzers ist. Ohne Kenntnisse über die spezifische Variablenauswahl ist es schwer möglich, auf SOEP beruhende Ergebnisse zu überprüfen. Die Frage wurde statistisch ausgewertet und spielt in der weiteren Beurteilung des Status quo der Bereitstellung von Daten keine Rolle, da es sich empirisch gezeigt hat, dass die SOEP-Nutzer, die erprobt im Umgang mit Sekundärdaten sind, nur sehr beschränkt Aussagen über die generelle Bereitstellungs- und Nachnutzungspraxis machen können; sie können bessere qualitative Aussagen darüber treffen, was die Bereitstellung und Nachnutzung von Forschungsdaten bedingt.

F1: Wir überlegen, den Nutzer/-innen von SOEPinfo die Möglichkeit zu geben, ihre Baskets und ggf. auch darüber hinaus Analyse-Skripte oder sogar selbst erhobene Daten innerhalb von SOEPinfo für andere Nutzer/-innen bereitstellen zu können. Wären Sie bereit hier selbst Inhalte bereitzustellen?

> a) Ja, ich wäre bereit eigene Daten und Skripte öffentlich bereitzustellen
> b) Ja, aber nur innerhalb eines abgegrenzten Login-Bereichs
> c) Ja, aber nur auf Anfrage
> d) Nein

F2: Was wären Ihre Motive eigene Skripte bzw. Daten der wissenschaftlichen Gemeinschaft bereitzustellen?

F3: Welche Bedenken würden Sie davon abhalten, eigene Skripte und Daten der wissenschaftlichen Gemeinschaft bereitzustellen?

Tabelle 3: Bedingungen der Bereitstellung (Sekundärdatennutzerbefragung)

In Antizipation eines Persönlichkeitseinflusses auf den Umgang mit Forschungsdaten wurde in der Befragung der Sekundärdatennutzer die Big 5 mit Hilfe einer etablierten 16-Item Skala nach Richter et al. (2013) abgefragt, die unter anderem im SOEP Anwendung findet. Zur Effektmessung wurde eine logistische Regression der *Bereitschaft, Daten und Analyseskripte zu teilen* (Antwortkategorien 1 – 3; siehe Tabelle 9) mit den Big 5 errechnet.

Bei den Big 5 (Fünf-Faktoren-Modell) handelt es sich um ein Modell der Persönlichkeitspsychologie, welches die Persönlichkeit eines Menschen auf fünf Dimensionen verortet (McCrae und Costa 2008). Personen mit hoher Neurotizismus-Ausprägung erleben demnach häufiger Angst und Nervösität. Personen mit hoher Ausprägung in Extraversion gelten demnach als gesellig und aktiv. Personen mit hoher Offenheits-

Ausprägung sind fantasievoll und experimentierfreudig, Personen mit hoher Gewissenhaftigkeits-Ausprägung selbstkontrolliert und genau. Personen mit hoher Verträglichkeits-Ausprägung gelten als verständnisvoll und angepasst. Auch wenn streitbar ist, ob eine solche Kategorisierung der Komplexität der menschlichen Persönlichkeit nicht gerecht wird, so können die Ausprägungen zumindest Auskunft darüber geben, inwiefern der Umgang mit Daten eher von der Person und ihrem Charakter abhängt, also von offensichtlichen und strukturellen Faktoren.

BESCHREIBUNG DER DATEN[33]

Das Datenmaterial des ersten Erhebungsschrittes besteht aus den Texten aus der Systematic Review und den Antworten aus der Sekundärdatennutzerbefragung.

In der Selektion in der **Systematic Review** wurden 98 Artikel identifiziert. Zur besseren Übersicht bildet Tabelle 4 die identifizierten und analysierten Artikel entsprechend der Datenbank ab, in der sie gefunden wurden.

---

[33] dx.doi.org/10.5684/dsa-01 und https://github.com/data-sharing/framework-data.

Datenbank	Artikel im Analysesample
Ebsco	Butler 2007; Chokshi et al. 2006; De Wolf et al. 2005 (also JSTOR, ProQuest); De Wolf et al. 2006 (also ProQuest); Feldman et al. 2012; Harding et al. 2011; Jiang et al. 2013; Nelson 2009; Perrino et al. 2013; Pitt & Tang 2013; Teeters et al. 2008 (ebf. Springer)
JSTOR	Anderson & Schonfeld 2009; Axelsson & Schroeder 2009 (ebf. ProQuest); Cahill & Passamano 2007; Cohn 2012; Cooper 2007; Costello 2009; Fulk et al. 2004; Constable et al. 2010; Linkert et al. 2010; Ludman et al. 2010; Myneni & Patel 2010; Parr 2007; Resnik 2010; Rodgers & Nolte 2006; Sheather 2009; Whitlock et al. 2010; Zimmerman 2008
PLOS ONE	Alsheikh-Ali et al. 2011; Chandramohan et al. 2008; Constable et al. 2010; Drew et al. 2013; Haendel et al. 2012; Huang et al. 2013; Masum et al. 2013; Milia et al. 2012; Molloy 2011; Noor et al. 2006; Piwowar 2010; Piwowar et al. 2007; Piwowar et al. 2008; Savage & Vickers 2009; Tenopir et al. 2011; Wallis et al. 2013; Wicherts et al. 2012
ProQuest	Acord & Harley 2013; Belmonte et al. 2008; Edwards et al. 2011; Eisenberg 2006; Elman et al. 2010; Kim & Shanton 2013; Nicholson & Bennett 2011; Eisenberg & Rai 2006; Reidpath & Allotey 2001 (also Wiley); Tucker 2009
ScienceDirect	Anagnostou et al. 2013; Brakewood & Poldrack 2013; Enke et al. 2012; Fisher & Fortman 2010; Karami et al. 2013; Mennes et al. 2013; Parr & Cummings 2005; Piwowar & Chapman 2010; Rohlfing & Poline 2012; Sayogo & Pardo 2013; Van Horn & Gazzaniga 2013; Wicherts & Bakker 2012

Springer	Albert 2012; Bezuidenhout 2013; Breeze et al. 2012; Fernandez et al. 2012; Freymann et al. 2012; Gardner et al. 2003; Jarnevich et al. 2007; Jones et al. 2012; Pearce & Smith 2011; Sansone & Rocca-Serra 2012
Wiley	Borgman 2012; Dalgleish et al. 2012; Delson et al. 2007; Eschenfelder & Johnson 2011; Haddow 2011; Hayman et al. 2012; Huang et al. 2012; Kowalczyk & Shankar 2011; Levenson 2010; NIH 2002; NIH 2003; Ostell 2009; Piwowar 2010; Rushby 2013; Samson 2008; Weber 2013
Aus der Befragung	Campbell et al. 2002; Cragin et al. 2010; Overbey 1999; Sieber 1988; Stanley & Stanley 1988

Tabelle 4: Artikelauswahl Systematic Review

Zusätzlich zu den Artikeln wurden die Artikelmetadaten, wie das Erscheinungsjahr des Artikels, der disziplinäre Hintergrund (anhand der Fachzeitschrift in der ein Artikel erschienen ist) und die Anzahl der Zitationen erhoben und ausgewertet.

Insbesondere naturwissenschaftliche Disziplinen beschäftigen sich demnach mit dem Austausch von Forschungsdaten (zumindest in der Literatur). Ein Großteil (60) der 98 Artikel lässt sich Zeitschriften aus den Bereichen Mathematik, Informatik, Naturwissenschaft und Technik zuordnen. Neun Artikel im Sample kommen aus geisteswissenschaftlichen Fachzeitschriften, sechs aus sozialwissenschaftlichen Zeitschriften und ein Artikel aus einer rechtswissenschaftlichen Zeitschrift. 22 Artikel stammen aus Zeitschriften ohne disziplinären Fokus (z. B. PLOS ONE). Die Verteilung der Artikel im Zeitverlauf von zehn Jahren deuten auf ein gestiegenes Interesse für das Thema innerhalb des Untersuchungszeitraums hin (Abbildung 4).

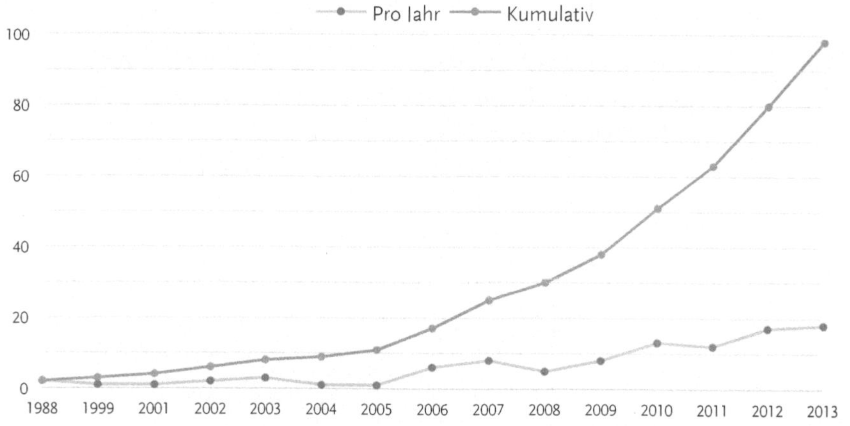

Abbildung 4: Anzahl der Artikel im Zeitverlauf (Systematic Review)

Unter den 98 Artikeln werden die Studie von Piwowar et al. über den Effekt von offenen Forschungsdaten auf die Zitationshäufigkeit eines Artikels (2007) und die Studie von Campbell et al. über den Forschungsdatenaustausch in der Genforschung (2002) mit je 15 Zitationen am meisten zitiert (siehe Tabelle 5). Einschränkend hierzu: Die Zitationsanalyse misst nur die Zitationshäufigkeit innerhalb des Samples. Die Zahl der Zitationen ist überschaubar; gemessen an einer Grundgesamtheit von nur 98 Artikeln machen 15 Zitationen allerdings einen nennenswerten Anteil aus. Die Zitationen zeigen zudem, dass es einen eigenen wissenschaftlichen Diskurs über den Austausch von Forschungsdaten gibt in dem es Meinungsführer gibt.

Artikel	Zitate
Piwowar, H.A., Day, R.S., Fridsma, D.B. 2007. Sharing detailed research data is associated with increased citation rate. PLOS ONE, 2(3): e308.	15
Campbell, E.G., Clarridge, B.R., Gokhale, M., Birenbaum, L., Hilgartner, S., Holtzman, N.A., Blumenthal, D. 2002. Data withholding in academic genetics: evidence from a national survey. JAMA, 287(4): 473–480.	15
Savage, C.J., Vickers, A.J. 2009. Empirical study of data sharing by authors publishing in PloS journals. PLOS ONE 4(9): e7078.	12
Fienberg, S.E., Martin, M.E., Straf, M.L. 1985. Sharing Research Data. Washington, DC: National Academy Press.	9
NIH National Institutes of Health. 2003. Final NIH statement on sharing research data Available.	9
Wicherts, J.M., Borsboom, D., Kats, J., Molenaar, D. 2006. The poor availability of psychological research data for reanalysis. American Psychologist, 61(7): 726–728.	9
Nelson, B. 2009. Data sharing: empty archives. Nature, 461: 160–163.	8
Tenopir, C., Allard, S., Douglass, K., Aydinoglu, A.U., Wu, L., Read, E., Manoff, M., Frame, M. 2011. Data Sharing by Scientists: Practices and Perceptions. PLOS ONE 6(6): e21101.	8
Gardner, D., Toga, A.W., Ascoli, G.A., Beatty, J.T., Brinkley, J.F., Dale, A.M., Fox, P.T., Gardner, E.P., George, J.S., Goddard, N., Harris, K.M., Herskovits, E.H., Hines, M.L., Jacobs, G.A., Jacobs, R.E., Jones, E.G, Kennedy, D.N., Kimberg, D.Y., Mazziotta, J.C., Perry L. Miller, Mori, S., Mountain, D.C., Reiss, A.L., Rosen, G.D.,	8

Artikel	Zitate
Rottenberg, D.A., Shepherd, G.M., Smalheiser, N.R., Smith, K.P., Strachan, T., Van Essen, D.C., Williams, R.W., Wong, S.T.C. 2003. Towards effective and rewarding data sharing. Neuroinformatics, 1(3): 289–295.	
Borgman C.L. 2007. Scholarship in the Digital Age: Information, Infrastructure, and the Internet. Cambridge, MA: MIT Press.	8
Whitlock M.C. 2011. Data Archiving in Ecology and Evolution: Best Practices. Trends in Ecology and Evolution, 26(2): 61 – 65.	7

Tabelle 5: Zitationsanalyse Analysesample

Als weitere Datenquelle dient die **Sekundärdatennutzerbefragung**. An dem zusätzlichen Frageteil zum Forschungsdatenaustausch beteiligten sich 603 SOEP-Nutzer; 137 davon beantworteten die offenen Fragen zu Barrieren und Anreizen Daten zu teilen. Die am stärksten vertretenen Disziplinen in der Befragung sind Wirtschaftswissenschaftler (46 Prozent) und Sozialwissenschaftler (39 Prozent), was angesichts des Entstehungskontextes der SOEP-Daten wenig überraschend ist. Im Schnitt sind die 603 Befragten 37 Jahre alt. 61 Prozent sind männlich, 39 Prozent weiblich. Die Befragten arbeiten vor allem an deutschen Forschungseinrichtungen (76 Prozent). Der Anteil an Studenten liegt bei 15 Prozent; der Anteil an Professoren bei 25 Prozent.[34]

DATENANALYSE

Traditionell ist die qualitative Inhaltsanalyse eine Methode der empirischen Kommunikationsforschung und findet bei der Analyse unstrukturierter Interviews Anwendung (Mayring 2000). Sie eignet sich gleichermaßen zur Analyse jeglicher Form größerer Textkorpora (Mayring 2010; Krippendorf 2013). Die qualitative Inhaltsanalyse steht Methoden der qualitativen Textanalyse, wie der objektiven Hermeneutik (Wagner und Oevermann 2001) und der Grounded Theory (Glaser et al. 2010), nahe, indem sie konzeptionelle Zusammenhänge in Texten aufzeigt.

Mayring (2010) definiert neun Schritte zur Durchführung einer qualitativen Inhaltsanalyse. Tabelle 6 stellt dar, wie diese in der Analyse der textuellen Daten zur Anwendung kamen.

---

[34] Für eine qualitativ-inhaltsanalytische Auswertung sind die demografischen Eigenschaften der befragten Forscher und damit die Repräsentativität der Stichprobe allerdings irrelevant.

Schritt	Leitfrage	Umsetzung
Festlegung des Materials	Welches Material wird analysiert?	▪ 98 Publikationen zum Thema Forschungsdatenaustausch, die in wissenschaftlichen Fachzeitschriften zwischen 2002 und 2013 erschienen sind & ▪ 137 Antworten auf die offenen Fragen in der Sekundärdatennutzerbefragung
Darlegung der Entstehungssituation	Wie ist die Situation zu kennzeichnen?	▪ Artikel sind im Rahmen wissenschaftlicher Tätigkeit entstanden und für die einzelnen Zeitschriften formalisiert ▪ Freitextantworten stammen aus einer standardisierten Befragung unter SOEP-Datennutzern
Formale Charakterisierung des Materials	In welcher Form liegt das Material vor?	▪ Textuelle Daten
Ziel der Analyse	Worauf soll sich der Interpretations-fokus richten?	▪ konzeptioneller Rahmen mit erklärenden Kategorien für die Bereitstellung und Nachnutzung von Forschungsdaten ▪ die inhaltliche Vorarbeit für die Fragebogenkonstruktion im zweiten Erhebungsschritt.

Differen-zierung der Fragestel-lung	Nach welcher Forschungsfrage wird das Material untersucht?	■ Was bedingt die Bereitstellung und Nachnutzung von Forschungsdaten? ■ Welche Akteure und Entitäten sind relevant?
Bestim-mung der Analyse-technik	Welches Verfahren soll bei der Material-analyse eingesetzt werden? (Zusammen-fassung, Explikation oder Strukturierung)	■ Strukturierung
Definition der Analyse-Einheit	Welche Einheiten werden analysiert?	■ Gesamte Artikel inklusive Abstracts und Antworten aus der Befragung
Analyse des Materials	Anwendung von Zusammenfassung, Explikation und/oder Strukturierung	■ Strukturierung durch thematisches Kodieren
Interpreta-tion	Interpretation der Ergebnisse	■ Die einzelnen Kategorien werden in ein Bereitstellungsmodell übersetzt ■ Die Kategorien und die jeweiligen Unterkategorien werde beschrieben und interpretiert

Tabelle 6: Neun Schritte der qualitativen Inhaltsanalyse nach Mayring

Daten. Die 98 Artikel und 137 Fragebogenantworten wurden als textuelle Daten betrachtet und mittels der qualitativen Inhaltsanalyse ausgewertet. Die Artikel sind gemäß den formalen Anforderungen der jeweiligen Fachzeitschrift, inhaltlich vorstrukturiert (z. B. Einleitung, Methode, Ergebnis, Diskussion). Die Antwortkategorien im Fragebogen sind ebenfalls vorstrukturiert (F2 – Motive für die Bereitstellung von Daten und Analyseskripte, F3 – Bedenken bei der Bereitstellung von Daten und Analyseskripten).

Kommunikationsmodell. Nach Mayring (2010) soll die Inhaltsanalyse vor dem theoretischen Hintergrund eines Kommunikationsmodells reflektiert werden. Bei dem Datenmaterial in diesem Erhebungsschritt handelt es sich nicht um manifestierte Kommunikation wie im Falle eines persönlichen Interviews. Es ist zudem nicht Ziel der Analyse, den Inhalt kommunikationstheoretisch zu reflektieren, sondern den Austausch von Daten in einen systematischen Zusammenhang zu bringen und für den zweiten analytischen Schritt vorzubereiten. Insofern wurde das in der Analyse gewonnene Kategoriensystem in einen konzeptionellen Rahmen mit erklärenden Kategorien übersetzt, der den Forschungsdatenaustausch modellhaft zusammenfasst und erklärt (deskriptive Kategorien). Diese Übersetzung erfüllt im Sinne Mayrings eine Strukturierungsfunktion.

Kategoriengewinnung. Während der Analyse werden textuelle Daten in einem Kategoriensystem verdichtet, welches induktiv oder deduktiv gewonnen werden kann. Bei der induktiven Kategoriengewinnung werden Kategorien, ähnlich dem Kodieren bei der Grounded Theory, aus dem vorliegenden Material heraus entwickelt. Bei der deduktiven Kategoriengewinnung werden Kategorien theoretisch hergeleitet und anschließend den entsprechenden Textstellen zugeordnet. In der hier angewandten Inhaltsanalyse werden die beiden Techniken kombiniert, insofern dass zunächst große Kategorien aufgestellt und in weiteren Schritten induktiv differenziert wurden. In dieser Hinsicht unterscheidet sich das Vorgehen von Mayrings (2010) Vorschlag zur Strukturierung, welcher die schrittweise Definition von Kategorien und die Identifikation von Ankerbeispielen vorsieht.

Analyse. Zur Analyse wurden alle relevanten Textpassagen der Artikel aus der Systematic Review in eine CSV-Tabelle mit den Grobkategorien übertragen. Diese wurde zusammen mit den Antworten der Sekundärdatennutzerbefragung (ebenfalls im CSV-Format) in die Analysesoftware *NVivo* importiert, in der Unterkategorien induktiv gebildet wurden. In den Vorgang der Kategorienbildung waren zwei Kodierer involviert; eine weitere Person überprüfte die Kategorien auf Vollständigkeit und Stringenz. Darüber hinaus wurden die Metadaten der Artikel (z. B. das Erscheinungsjahr, Referenzen und Keywords) extrahiert und zur Stichprobenbeschreibung ausgewertet.

HAUPT- UND UNTERKATEGORIEN

In der Inhaltsanalyse wurden sechs Haupt- und 16 Unterkategorien identifiziert (siehe Tabelle 7), die jeweils unterschiedliche Faktoren und Sachzusammenhänge des Forschungsdatenaustausches erfassen. Das sind:

1 Datenbereitsteller: Merkmale des Forschers, der Daten erhoben hat und diese bereitstellen möchte, sowie seine Aufwand- und Nutzenerwägungen bei der Datenbereitstellung.

2 Wissenschaftliche Organisationen: Organisationen, die eine besondere Bedeutung bei der Bereitstellung und Nachnutzung von Forschungsdaten haben.

3 Forschungsgemeinschaft: Disziplinär-kulturelle Aspekte des Umgangs mit und der Bereitstellung von Forschungsdaten.

4 Normen: Ethische und gesetzliche Rahmenbedingungen der Bereitstellung und Nachnutzung von Forschungsdaten.

5 Dateninfrastruktur: Technische Infrastruktur der Archivierung, Dokumentation und des Abrufs von Forschungsdaten.

6 Datennutzer: Faktoren, welche den Nachnutzer und seine Nutzungsabsichten betreffen.

Hauptkategorie	Unterkategorien	Faktoren
Datenbereitsteller	Soziodemografische Faktoren	Arbeitsort, Alter/Erfahrung, berufliche Seniorität
	Persönlichkeit	Persönlichkeitsmerkmale, Kontrollbedürfnis
	Aufwand	Erhebungsaufwand, Zeitlicher Aufwand, Finanzieller Aufwand
	Nutzen	Formale Anerkennung, Fachlicher Austausch, Qualitätsverbesserung
Wissenschaftliche Organisationen	Organisation des Bereitstellers	Datenmanagementservices, Institutionelle Richtlinien

Hauptkategorie	Unterkategorien	Faktoren
	Forschungsförderer	Förderrichtlinien, finanzielle Mittel
	Fachzeitschriften	Publikationsrichtlinien
Forschungsgemeinschaft	Disziplinäre Praktiken	Metadaten, Datendokumentation, Interoperabilität
	Dokumentationsstandards	
	Wissenschaftlicher Fortschritt	Synergien/Spill-Over-Effekte, Überprüfbarkeit, Austausch/Kollaboration
Normen	Ethik	Gerechtigkeit, Menschenwürde, Benefizienz, Fortschritt
	Recht	Datenschutz, Lizenzen, Urheberrecht und geistiges Eigentum
Dateninfrastruktur	Architektur	Zugang, Datensicherheit, Leistung
	Datenmanagement	Nutzerfreundlichkeit, Datendokumentation
Datennutzer	Nachteilige Nutzung	Falsifizierung/Kritik, kommerzielle Nutzung, kompetitive Nutzung, fehlerhafte Interpretation
	Organisatorischer Hintergrund	Sicherheit, Wettbewerb

Tabelle 7: Übersicht Kategoriensystem

4.2   MODELL DER DATENBEREITSTELLUNG

Um ein umfassendes und prozessorientiertes Verständnis der Bereitstellung und Nachnutzung zu erhalten, bietet es sich an das Kategoriensystem zu abstrahieren und in ein simples Prozessmodel zu übertragen (Abbildung 5).

AKTEURE UND ENTITÄTEN

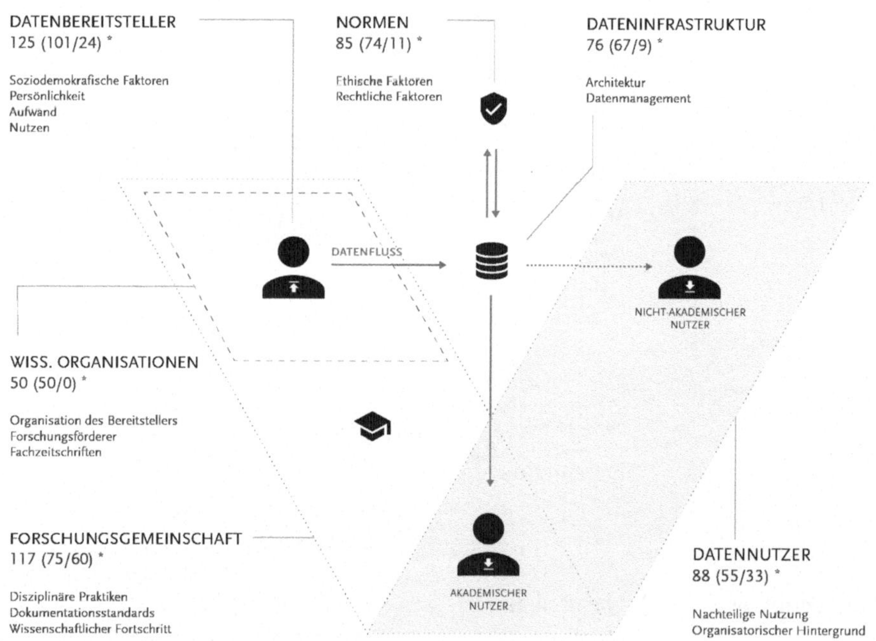

Abbildung 5: Modell der Datenbereitstellung

In dem Modell stellt ein Primärforscher (Datenbereitsteller), der in einen organisatorischen (Wissenschaftsorganisation) und kulturellen Kontext (Forschungsgemeinschaft) eingebettet ist, Daten im Rahmen gesetzlicher Vorschriften und vor dem Hintergrund ethischer Normen (Normen) in einem Repositorium (Dateninfrastruktur) anderen Forschern (Datennutzung) zur Verfügung. Das Prozessmodell zeigt die Bereitstellung von Daten als einen soziotechnischen Vorgang.

Trotz der relativ hohen Anzahl der Referenzen und der unterschiedlichen Datenquellen (Literatur und Befragung) erhebt das Modell aufgrund des zugrundeliegenden qualitativen Analyseverfahrens keinen Anspruch auf Vollständigkeit.

4.3   ERGEBNISSE: AKTEURE, ENTITÄTEN UND KONTEXTBEDINGUNGEN

Die Verschriftlichung der Kategorien aus der Inhaltsanalyse soll – im Sinne einer *thick description*[35] – zu einem fundierten Verständnis der relevanten Akteure, Entitäten und der technischen, rechtlichen und soziokulturellen Bedingungen der Bereitstellung und Nachnutzung von Forschungsdaten beitragen. Die Ergebnisse der Systematic Review dienen zudem zur Formulierung der Hypothesen und Forschungsfragen in Kapitel 5.

---

[35] Die „thick description" ist eine Methode der Ergebnispräsentation aus der qualitativen Sozialforschung. Eine thick description versucht neben dem menschlichen Verhalten auch dessen Kontextbedingungen zu vermitteln (Geertz 1994).

Zur Darstellung der Zusammensetzung jeder Hauptkategorie dient jeweils eine Tabelle, die die Unterkategorien sowie bezugnehmenden Literaturreferenzen und Beispielzitate aus der Literatur oder Sekundärdatennutzerbefragung (gekennzeichnet durch „Survey") enthält.

4.3.1 DATENBEREITSTELLER

Am Anfang steht der individuelle Forscher, der Daten erhoben hat und vor der Entscheidung steht, ob er diese bereitstellen möchte oder nicht. Dabei ist die Entscheidung freilich nicht für jeden Forscher gleich schwierig. Je nachdem, auf welcher Karrierestufe er sich befindet, über welche Erfahrung er verfügt oder wie hoch sein individueller Aufwand ist, ist die Entscheidung eine andere. Diese persönlichen Faktoren und ihre Bedeutung für den Forschungsdatenaustauch, werden in der Kategorie **Datenbereitsteller** zusammengefasst (siehe Tabelle 8).

	Faktoren	Literaturreferenzen | Beispielzitat
Soziodemogr. Faktoren	Arbeitsort Alter/Erfahrung Berufliche Seniorität	Acord & Harley 2013; Enke et al. 2012; Milia et al. 2012; Piwowar 2010; Tenopir et al. 2011 **Alter** „Younger people are less likely to make their data available to others (either through their organization's website, PI's website, national site, or other sites.). People over 50 showed more interest in sharing data (...)" (Tenopir et al. 2011, S. 14)
Persönlichkeit	Persönlichkeitsfaktoren Kontrollbedürfnis	Acord & Harley 2013; Belmonte et al. 2008; Bezuidenhout 2013; Constable et al. 2010; Enke et al. 2012; Fisher & Fortman 2010; Huang et al. 2013; Jarnevich et al. 2007; Pearce & Smith 2011; Pitt & Tang 2013; Reidpath & Allotey 2001; Stanley & Stanley 1988; Tenopir et al. 2011; Whitlock et al. 2010; Wallis et al. 2013 **Persönlichkeitsfaktoren** „In combination with receiving credit and time management, personality can trump the conventions in a field. Defining what is 'good enough' to share is often a subjective decision that has its roots in the context of an individual scholar's specific academic training and research habits." (Acord & Harley 2013, S. 386) **Kontrollbedürfnis** „I have doubts about others being able to use my work without control from my side." (Survey)

Faktoren	Literaturreferenzen | Beispielzitat
Aufwand Erhebungsaufwand Zeitlicher Aufwand Finanzieller Aufwand	Acord & Harley 2013; Axelsson & Schroeder 2009; Breeze et al. 2012; Campbell et al. 2002; Cooper 2007; Costello 2009; De Wolf et al. 2006; De Wolf et al. 2005; Enke et al. 2012; Gardner et al. 2003; Constable et al. 2010; Haendel et al. 2012; Huang et al. 2013; Kowalczyk & Shankar 2011; Nelson 2009; Noor et al. 2006; Perrino et al. 2013; Piwowar et al. 2008; Reidpath & Allotey 2001; Rushby 2013; Savage & Vickers 2009; Sayogo & Pardo 2013; Sieber 1988; Stanley & Stanley 1988; Teeters et al. 2008; Van Horn & Gazzaniga 2013; Wallis et al. 2013; Wicherts & Bakker 2012 **Zeitlicher Aufwand** „The effort to collect data is immense. To collect data yourself becomes almost out of fashion." (Survey)
Nutzen Formale Anerkennung Fachlicher Austausch Qualitäts-verbesserung	Acord & Harley 2013; Costello 2009, Dalgleish et al. 2012; Enke et al. 2012; Gardner et al. 2003; Constable et al. 2010; Mennes et al. 2013; Nelson 2009; Ostell 2009; Parr 2007; Perrino et al. 2013; Piwowar et al. 2007; Reidpath & Allotey 2001; Rohlfing & Poline 2012; Stanley & Stanley 1988; Wallis et al. 2013; Wicherts & Bakker 2012; Whitlock 2011 **Formale Anerkennung** „ [...] the science reward system has not kept pace with the new opportunities provided by the internet, and does not sufficiently recognize online data publication." (Costello 2009, S. 426)

SOZIODEMOGRAFISCHE MERKMALE

In der untersuchten Fachliteratur wurde in drei verschiedenen Befragungen von Wissenschaftlern ein Einfluss des **Arbeitsortes** auf den Umgang mit Forschungsdaten beobachtet (Enke et al. 2012; Tenopir et al. 2011; Huang et al. 2013). Alle drei Befragungen richteten sich an Biodiversitätsforscher. Enke et al. (2012) bemerkten im Rahmen ihrer Befragung, dass Forscher an deutschen Einrichtungen eine geringere Bereitschaft haben, ihre Daten offenzulegen, als Befragte an amerikanischen Einrichtungen. Sie konnten auch Unterschiede in den Nachnutzungsansprüchen feststellen: Für Forscher an deutschen Einrichtungen ist die Datendokumentation der wichtigste Faktor für die Nachnutzung. 80 Prozent bezeichnen diesen Aspekt als wichtig oder sehr wichtig (53 Prozent im Durchschnitt). Für Forscher an amerikanischen Einrichtungen sind Informationen zum Bereitsteller am wichtigsten.

Bei der Betrachtung des Faktors Arbeitsort gilt es zu beachten, dass in allen drei Befragungen der Arbeitsort als Kontrollvariable erhoben und von den Autoren nicht weiter erörtert wurde. In einer Befragung von Enke et al. (2012) Befragung geht beinahe die Hälfte (47 Prozent) aller Antworten von Befragten an deutschen Einrichtungen auf Doktoranden zurück und nur 15 Prozent auf Professoren. Bei den amerikanischen Befragten ist das Verhältnis umgekehrt: 26 Prozent sind Professoren und nur 9 Prozent Doktoranden. Auf den beruflichen Status der Befragten wurden die Ergebnisse nicht statistisch kontrolliert. Auch sind die Stichproben disziplinär selektiv (z. B. ausschließlich Biodiversitätsforscher) und nicht repräsentativ. Bei Tenopir et al. (2011) und Huang et al.

(2012) sind die regionalen Bezugsgruppen, Nordamerika und Gesamteuropa, aufgrund ihrer jeweiligen Heterogenität, problematisch.

Trotz dieser Problematiken drängt sich die Vermutung auf, dass regionale Aspekte der Forschungslandschaft eine Rolle spielen. Gerade bei der Betrachtung einzelner Forschungsfelder, wie hier der Biodiversitätsforschung, liegt es beispielsweise nahe, dass nationale Infrastrukturmaßnahmen und Forschungsförderungen den Umgang mit Forschungsdaten beeinflussen. Enke et al. (2012) verweisen in diesem Kontext auf koordinierte Rahmenprogramme mit eigenen Datenrichtlinien (z. B. *LifeWatch*, eine Umweltdateninitiative der DFG).

Tenopir et al. (2011) stellen in ihrer Befragung einen Einfluss des **Alters** auf das Datenbereitstellungsverhalten fest. Demnach sind Forscher über 50 eher dazu bereit ihre Daten offenzulegen als jüngere Forscher. Die Autoren führen dies auf den **beruflichen Status** zurück. Demnach motiviert das kompetitive Publikationssystem jüngere Kollegen dazu, ihre Daten – aus Publikations- und damit Karriereerwägungen – einzubehalten. Dagegen sind Forscher mit einer höheren beruflichen Seniorität und festen Stellen nicht mehr einem vergleichbaren Publikationsdruck ausgesetzt und eher dazu bereit ihre Daten offenzulegen (siehe auch Acord und Harley 2013). Piwowar (2010) beobachtet in einer Meta-Analyse von 11.600 Microarray-Studien[36] allerdings einen gegenteiligen

---

[36] Microarray-Studien sind molekularbiologische Untersuchungssysteme, die die parallele Analyse mehrerer tausend Einzelnachweise in biologischem Probematerial erlauben. Piwowar (2010) führte hierzu eine automatisierte Datenbankauswahl von Studien durch und erstelle eine Datenbank mit 124 Eigenschaften aus bibliometrischen Quellen.

Effekt. Demnach legen Artikelerstautoren mit langer Berufserfahrung seltener ihre Daten offen als Erstautoren mit geringer Berufserfahrung.

Die empirischen Befunde über den Einfluss des Alters und des beruflichen Status auf das Bereitstellungsverhalten sind widersprüchlich. Ein Zusammenhang zwischen Publikations- und Karriereerwägungen und der Offenlegung von Forschungsdaten liegt zumindest nahe.

PERSÖNLICHKEIT

In die Kategorie **Persönlichkeit** fallen Charaktereigenschaften und das individuelle Kontrollbedürfnis eines Forschers. In den untersuchten Artikeln wurde ein Zusammenhang zwischen Persönlichkeit und dem Umgang mit Forschungsdaten nicht überprüft. Dennoch legen einige Autoren nahe, dass sich die Offenlegung von Forschungsdaten nicht allein mit soziodemografischen und strukturellen Faktoren erklären lässt. So sagen Acord und Harley (2013, S. 386):

> [...] personality can trump the conventions in a field. Defining what is ‚good enough' to share is often a subjective decision that has its roots in the context of an individual scholar's specific academic training and research habits.

Eine naheliegende Möglichkeit der empirischen Überprüfung des Einflusses von Persönlichkeitsmerkmalen auf das Verhalten ist die Abfrage der Big-5-Persönlichkeitsfaktoren. Das Big-5-Konzept basiert auf einem Modell aus der Persönlichkeitspsychologie, dass die Persönlichkeit einer Person anhand von fünf Hauptdimensionen verortet. Das sind *Offenheit für neue Erfahrungen, Neurotizismus, Introversion/Extraversion, Gewissenhaftigkeit* und *Verträglichkeit (siehe Kapitel 4.1).*

Bei der Überprüfung des Einflusses der Big 5 auf das Bereitstellungsverhalten konnte allein beim Persönlichkeitsmerkmal Offenheit ein signifikanter Effekt auf die Bereitschaft, Daten zu teilen ($p < 0.00497$) festgestellt werden. Die anderen Dimensionen haben dagegen keinen nennenswerten Einfluss. Eine hohe Ausprägung der Persönlichkeitsdimension Offenheit signalisiert eine aktive Beschäftigung einer Person mit neuen Erfahrungen und Erlebnissen. Da die Offenlegung von Forschungsdaten neue Kooperationen oder die Verwendung von Daten in neuen Kontexten in neuen Kontexten mit sich bringen kann, ist ein Einfluss dieses Merkmals wenig verwunderlich.[37]

Als Persönlichkeitsmerkmal kann auch das **individuelle Kontrollbedürfnis** betrachtet werden (z. B. Tenopir et al. 2011; Pitt und Tang 2013; Enke et al. 2012). Demnach ist die Unkenntnis darüber, wer Zugriff auf die geteilten Daten bekommt und wofür diese verwendet werden, ein entscheidender Faktor für den Forschenden Daten einzubehalten.

Das Ergebnis auf die geschlossene Frage zur Teilbereitschaft bestätigt dieses Kontrollbedürfnis (Tabelle 9). Die Mehrheit der befragten Forscher (56 Prozent) würden ihre Daten nur auf Anfrage oder mit Zugangskontrolle teilen. Und 18 Prozent der Befragten schließen eine Bereitstellung ihrer Daten und Analyseskripte kategorisch aus. Nur 26 Prozent würden ihre Daten und Analyseskripte offenlegen.

---

[37] Mit Hinblick auf die Grundgesamtheit der Sekundärdatennutzerbefragung sind die Ergebnisse zum Einfluss von Persönlichkeitsfaktoren auf die Offenlegung nur begrenzt aussagekräftig; sie begründen allerdings die erneute Überprüfung des Einflusses von Persönlichkeit auf den Umgang mit Forschungsdaten in Kapitel 5.2.3.

Bereitschaft, Datensets und Analyseskripte zu teilen	Anzahl	Prozent
1. Öffentlich	120	25.9 %
2. Teilen mit kontrolliertem Zugang	98	21.1 %
3. Nur auf Anfrage	163	35.1 %
4. Gar nicht	83	17.9 %
Summe	**464**	**100 %**

Tabelle 9: Teilbereitschaft Sekundärdatennutzerbefragung

AUFWAND

Der **Erhebungsaufwand** umfasst die Planung und Durchführung von Datenerhebungen. Die Antworten in der Sekundärdatennutzung deuten darauf hin, dass der Erhebungsaufwand einen Einfluss auf das Bereitstellungsverhalten des Forschers hat. So antwortet einer der Befragten auf die Frage, weshalb er keine Daten und Analyseskripte teilen würde (Survey):

> *Ich habe viel Arbeit da rein gesteckt, die erst in Veröffentlichungen honoriert wird. Vorher würde ich keine Skripte einstellen.*

In dem Zitat wird deutlich, dass der Aufwand der Datenerhebung für den Befragten erst durch die Verschriftlichung in Form eines Artikels und dessen Publikation einen Gegenwert erfährt. Dieser Zusammenhang wird auch mehrfach in der Literatur genannt (z. B. Stanley und Stanley 1988; z. B. Tenopir et al. 2011; siehe 4.3.2). Der Erhebungsaufwand kann für den Einzelforscher insofern als eine Investition in zukünftige Artikelpublikationen betrachtet werden, die mit der Datenoffenlegung vor einer eigenen Ergebnispublikation quasi vergemeinschaftet würde.

Neben dem Aufwand der Datenerhebung fällt auch der **Aufwand der Bereitstellung** – und der damit unvermeidbar verbundenen Dokumentationsaufwand – in diese Kategorie. Wie in 2.1 dargelegt, bedarf die Nachnutzung die elektronische und langfristige Archivierung sowie eindeutige Dokumentation, was für den Primärforscher, sofern ihm die Arbeit nicht abgenommen wird (siehe Kapitel 4.3.5), erheblichen Aufwand bedeuten kann.

Acord und Harley (2013 S. 389) erwähnen in diesem Zusammenhang die Digitalisierung analoger Daten und die Migration zu neuen Formaten, beispielsweise wenn Daten im Format veralteter Softwareversionen vorliegen:

> *Data sharing is also greatly impeded by scholars' lack of personal time to prepare the data and necessary metadata for deposit and reuse (which includes the sometimes Herculean efforts of converting analog data to digital formats, or migrating old digital formats to new ones).*

Die Migration alter Datenformate nennt auch ein Befragter in der Sekundärdatennutzerbefragung als einen Grund, Daten und Analyseskripte nicht bereitzustellen („[…] Dokumentations- bzw. Pflegeaufwand, wenn sichergestellt werden soll, dass die Analyse auch mit zukünftigen [Analysesoftware-] Versionen funktionieren soll", Survey). In der Sekundärdatennutzerbefragung wird von 137 ausgewerteten Fällen allein der Aufwand der Bereitstellung 14-mal als ein Grund genannt, Forschungsdaten und Analyseskripte nicht bereitzustellen.

NUTZEN

Durch die Offenlegung seiner Daten kann der Forscher ebenso Nutzen erfahren. In den untersuchten Artikeln und der Nutzerbefragung werden wiederholt drei Nutzen genannt:

1 Die *formale Anerkennung* für die Bereitstellung,
2 der *fachliche Austausch* und
3 die *Verbesserung der Qualität* der eigenen Forschung.

Eine Vielzahl von Autoren in der untersuchten Literatur erkennen in der fehlenden **formalen Anerkennung** für die Bereitstellung ein wesentliches

Hemmnis für den Forschungsdatenaustausch (z. B. Acord und Harley 2013; Costello 2009, Dalgleish et al. 2012; Enke et al. 2012; Gardner et al. 2003; Constable et al. 2010; Mennes et al. 2013; Nelson 2009; Ostell 2009; Parr 2007; Perrino et al. 2013). In der untersuchten Literatur werden explizit drei Formen der formalen Anerkennung unterschieden. Das sind a) die Datenzitation, b) die Ko-Autorenschaft und c) die Veröffentlichung eines Datenartikels. Sie werden hier als „formal" bezeichnet, weil sie dem etablierten akademischen Reputationsmechanismus entsprechen und entsprechend gemessen beziehungsweise quantifiziert werden können.

Analog zu einer Artikelzitation, wird bei einer Datenzitation der Urheber der Daten vom Nutzer der Daten zitiert. Eine Datenzitation kann ebenso wie die Zitation von Artikeln durch die Verwendung persistenter Identifikatoren (DOIs) – und damit festgeschriebener Metadatenschemen – erleichtert werden. Costello (2009, S. 422) bemerken in Bezug auf die Zitation von Daten, dass diese im Vergleich zu Artikelpublikationen eher unüblich ist und dass Repositorien, anders als Literaturdatenbanken, Zitationen von Daten nicht ausweisen:

> There is a concern that data sets will not be cited in the same way that print publications should be when they are the source of information. This concern is justified, as most online databases do not provide a citation for each data set in a manner similar to that of print media [...]

In der Nutzerbefragung wird die Datenzitation, im Gegensatz zu den anderen beiden Formen der formalen Anerkennung, die nicht erwähnt werden, viermal von 137 ausgewerteten Fällen als Motivation zur Offenlegung von genannt.

Eine weitere Möglichkeit, die Nutzung von Daten eines anderen Forschers anzuerkennen ist die Ko-Autorenschaft. Laut Rohlfing und Poline (2012) hat sich dies beispielsweise in der Alzheimer-Forschung (und überhaupt in der Medizinforschung) als eine adäquate Form der Anerkennung durchgesetzt (siehe hierzu auch Longo und Drazen 2016). Die Autoren nennen das Beispiel des ADNI-Datensatzes[38], der für die Bereitsteller bereits zu 185 Ko-Autorenschaften geführt hat. Eine Ko-Autorenschaft als Anerkennung für die Bereitstellung wird von Rohlfing und Poline (2012) allerdings abgelehnt, da allein dies noch nicht die Schöpfungshöhe einer Autorenschaft rechtfertigt. Bei Replikationsstudien und Meta-Analysen wäre die Ko-Autorenschaft schlichtweg unsinnig (Fecher und Wagner 2016). Die Autoren schlagen daher vor, die Datenquellen in den Danksagungen (die bislang nicht beachtet oder gar statistisch erfasst werden) oder mittels einer Zitation zu würdigen.

In den letzten Jahren wurden zudem einige *Datenjournale* (z. B. in den Umweltwissenschaften oder der Nanotechnologie) gegründet, die die Daten in Form von Artikelpublikationen veröffentlichen. Sie funktionieren in dieser Hinsicht wie traditionelle Artikelpublikationen (Breeze et al. 2012). In der Befragung wurden Datenjournale kein einziges Mal genannt, was sich vermutlich auch damit erklären lässt, dass Datenjournale

---

[38] „Alzheimer's Disease Neuroimaging Initiative" ist ein weltweites Forschungsprojekt, das klinische Daten für Forschungszwecke erhebt (siehe www.adni-info.org; zuletzt besucht am 26.6.2016).

ein relativ neues Phänomen sind. Aus einer gesamtwissenschaftlichen Sicht ist es auch fraglich, weshalb für ein eigenständiges wissenschaftliches Produkt wie Forschungsdaten eine traditionelle Vermittlungsform (Artikel) gewählt wird und Daten nicht direkt zitiert werden.

Es lässt sich insgesamt festhalten, dass sich noch kein Standard bei der formalen Anerkennung für die Offenlegung von Forschungsdaten etabliert hat, dass allerdings eine Anerkennung entlang etablierter Reputationsmechanismen naheliegend wäre und auch abstrakt gefordert wird. In der Sekundärdatennutzerbefragung wird zumindest die Datenzitation als eine Motivation für die Bereitstellung genannt, die Ko-Autorenschaft und Datenjournale nicht.

Neben der formalen Anerkennung, ist der **fachliche Austausch beziehungsweise eine Kollaboration** ein weiterer Nutzen für den Bereitsteller. Allein in der Sekundärdatennutzerbefragung wird der Begriff „Austausch" 36-mal als ein Grund für die Bereitstellung genannt. Ein Forscher in der Sekundärdatennutzerbefragung nennt als Motivation für die Bereitstellung die „Zusammenarbeit mit Personen mit vergleichbaren Fragestellungen" (Survey). Insofern kann die Offenlegung von Daten die Kollaboration zwischen Forschenden fördern. Ein anderer Forscher erkennt in der Zusammenarbeit auch ein synergetisches Potenzial. Als Grund für eine Bereitstellung nennt er: „Austausch, damit nicht jeder immer wieder die gängigen Variablengenerierungen selbst durchführen muss" (Survey).

Sowohl in den Artikeln als auch in der Befragung wird die Möglichkeit der **Qualitätsverbesserung** der eigenen Forschung genannt. Durch die Bereitstellung können andere Forscher die Ergebnisse überprüfen und auf

Fehler hinweisen. „Replikation" oder „Reproduktion" werden bei 137 Fällen in der Sekundärdatennutzerbefragung 10-mal als Anreiz zur Bereitstellung genannt. Auch dieser Aspekt wird in Abschnitt 4.2.3 als ein Faktor des wissenschaftlichen Fortschritts näher behandelt.

Nelson (2009 S. 160) stellt den Nutzen des Forschungsdatenaustausches den Nachteilen gegenüber:

> *Most researchers happily embrace the idea of [data] sharing. It opens up observations to independent scrutiny, fosters new collaborations and encourages further discoveries in old data sets. [...] But in practice those advantages often fail to outweigh researchers' concerns.*

FAZIT: EINE FRAGE DES AUFWANDS UND DES NUTZENS

Für den individuellen Forscher ist die Entscheidung, ob und wann er seine Daten bereitstellt eine Abwägung des Aufwands (sowohl der Aufbereitung als auch der Bereitstellung seiner Daten) und des Nutzens (z. B. durch Folgekooperationen oder Zitationen). In einem selbstreferentiellen System wie der Wissenschaft, in dem Ergebnispublikationen einen erheblichen Einfluss auf den beruflichen Erfolg haben, halten sich die „zählbaren" Vorteile der Offenlegung von Daten für den Einzelforscher in Grenzen. Eine formale Form der Anerkennung für die Bereitstellung, in Form einer Autorenschaft oder eine Datenzitation, hat sich bislang nicht durchgesetzt. Für den Datenbereitsteller ist es eine legitime Frage, was er von dem vergleichsweise hohen Aufwand der Datenaufbereitung und –Bereitstellung eigentlich hat. So könnte die Befürchtung negativer Effekte (z. B. Kritik oder Falsifikation) bei tendenziell ängstlichen oder kontrollbedachten Forschern einen protektiveren Umgang mit Forschungsdaten erklären.

4.3.2 WISSENSCHAFTLICHE ORGANISATIONEN

In der Entscheidung, ob ein Forscher seine Daten anderen freigibt, ist er nicht völlig frei. Er ist eingebunden in einem organisatorischen Umfeld. Er ist beispielsweise Mitarbeiter eines Instituts oder eines Lehrstuhls, die eigene Infrastrukturen für das Datenmanagement aufweisen oder nicht. Doch zu dem organisationalen Umfeld, das für den Forschungsdatenaustausch mitentscheidend ist, gehören auch andere. Vor allem Drittmittelgeber, die ihre Mittel an Verpflichtungen knüpfen, und Fachzeitschriften, die eine dominante Rolle in der wissenschaftlichen Wertschöpfung haben, sind hier zu nennen. In der Kategorie **Wissenschaftliche Organisationen** wird untersucht, welchen Einfluss wissenschaftliche Organisationen auf den Datenaustausch nehmen können. Tabelle 10 bildet die Faktoren ab, auf die in diesem Abschnitt näher eingegangen wird.

ORGANISATION DES DATENBEREITSTELLERS

Wie im vorherigen Kapitel dargelegt, ist die Bereitstellung mit Aufwand für den Primärforscher verbunden. Universitäten und Institute können diesen Aufwand für angehörige Forscher durch **Datenmanagementservices** reduzieren. Laut Enke et al. (2012) werden solche Services (meist durch Bibliotheken) vermehrt angeboten, meist allerdings für lokale und nicht öffentlich zugängliche Repositorien. Analog konnten Tenopir et al. (2011), in einer Befragung von 1329 Umweltwissenschaftlern, feststellen, dass Forscher, die ihre Daten archivieren, dafür meist lokale, institutionelle Repositorien anstelle öffentlich zugänglicher Repositorien benutzen. Huang et al. (2012) befragten 372 Biodiversitätsforscher zu ihrem Umgang mit Forschungsdaten. Lediglich ein Drittel der Befragten gaben an, dass ihr Arbeitgeber die Bereitstellung von Forschungsdaten befürworten würde.

Tenopir et al. (2011) schlagen vor, dass Institute und Universitäten **Richtlinien** einführen, um ihren Forschern Orientierung bei der Bereitstellung von Forschungsdaten zu geben. Diese sollten sich an den Richtlinien von Fachgesellschaften oder Forschungsförderern – sie verweisen auf die Richtlinien der *National Science Foundation* – orientieren (siehe auch Masum et al. 2013; Pearce und Smith 2011; Perrino et al. 2013; Sieber 1988). Richtlinien beseitigen zwar nicht den Aufwand, sie sorgen aber dafür, dass alle Forscher betroffen sind und somit Einzelne nicht diskriminiert werden. Piwowar (2010) konnte in einer Review von 11.600 Microarray-Studien beobachten, dass allein die Existenz von Richtlinien einen positiven Effekt auf die Verfügbarkeit von Forschungsdaten hat.

Die Sekundärdatennutzerbefragung zeigte, dass die Offenlegung von Daten seitens des Arbeitgebers nicht unbedingt gewünscht ist. Ein SOEP-Nutzer nennt als Beweggrund, Daten und Analyseskripte nicht bereitzustellen die „öffentliche Exponiertheit meines Arbeitgebers" (Survey); ein anderer nennt als Grund gegen die Bereitstellung „um konkurrierenden Instituten keine zu weitgehende Unterstützung zu geben" (Survey).

	Faktoren	Literaturreferenzen | Beispielzitat
Org. des Bereitstellers	Datenmanagementservices Institutionelle Richtlinien	Belmonte et al. 2008; Breeze et al. 2012; Cragen et al. 2010; Enke et al. 2012; Huang et al. 2013; Masum et al. 2013; Pearce & Smith 2011; Perrino et al. 2013; Savage & Vickers 2009; Sieber 1988
		Institutionelle Richtlinien „Only one-third of the respondents reported that sharing data was encouraged by their employers or funding agencies." (Huang et al. 2013, S. 404)
Forschungsförderer	Richtlinien Finanzielle Mittel	Axelsson & Schroeder 2009; Borgman 2012; Eisenberg 2006; Enke et al. 2012; Cohn 2012; Fernandez et al. 2012; Huang et al. 2013; Mennes et al. 2013; Nelson 2009; NIH 2002; NIH 2003; Perrino et al. 2013; Pitt & Tang 2013, Piwowar et al. 2008; Sieber 1988; Stanley & Stanley 1988; Teeters et al. 2008; Wallis 2013; Wicherts & Bakker 2012
		Richtlinien „[...] until data sharing becomes a requirement for every grant [...] people aren't going to do it in as widespread of a way as we would like." (Nelson 2009, S. 161)
Fachzeitschriften	Richtlinien	Alsheikh-Ali et al. 2011; Anagnostou et al. 2013; Bezuidenhout 2013; Chandramohan et al. 2008; Costello 2009; Enke et al. 2012; Huang et al. 2012; Huang et al. 2013; Milia et al. 2012; Noor et al. 2006; Parr 2007; Pearce 2011; Piwowar 2010; Piwowar & Vision 2013; Piwowar & Chapman 2009; Savage & Vickers 2009; Tenopir et al. 2011; Wallis et al. 2013; Wicherts et al. 2012; Whitlock 2011

Faktoren	Literaturreferenzen | Beispielzitat
	Richtlinien „We requested raw data from ten corresponding authors and received only one data set. Although our sample was small, our results are clear: explicit data sharing policies in journals do not lead authors to share data." (Savage und Vickers 2009, S. 3) **Richtlinien** „It is also important to note that scientific journals may benefit from adopting stringent sharing data rules since papers whose datasets are available without restrictions are more likely to be cited than withheld ones." (Milia et al. 2012, S. 3)

Tabelle 10: Kategorie Wissenschaftliche Organisationen

FORSCHUNGSFÖRDERER

In der untersuchten Literatur werden Forschungsförderer als regulierende Instanz beschrieben, die durch Förderrichtlinien und gezielte Infrastrukturinvestitionen die Bereitstellung fördern können.[39] Viele Autoren sehen die Drittmittelvergabe als ein konkretes Instrument, um den Forschungsdatenaustausch zu fördern (z. B. Axelsson und Schroeder 2009; Borgman 2012; Eisenberg 2006; Huang et al. 2013).

Borgman (2012) bemerkt, dass Forschungsförderer Daten aus drittmittelfinanzierter Forschung zwar zunehmend als ein öffentliches Gut betrachten, bei Förderanträgen allerdings selten **Daten-Management-Pläne**, also eine systematische Beschreibung des Datensatzes und dessen Nachnutzung, verlangen (siehe auch Enke et al. 2012).[40] Mittel zur Dokumentation und für die Bereitstellung werden nicht routinemäßig zur Verfügung gestellt. Vorbildhaft erwähnt Borgman (2012) den *Wellcome Trust*, der als Voraussetzung für die Mittelvergabe die Datenoffenlegung vorsieht.[41]

---

[39] Neben der Grundmittelfinanzierung, sind Drittmittel die zweite Säule der Hochschul- und Institutsfinanzierung. Der Anteil der Drittmittel an allen Grund- und Drittmitteleinnahmen lag nach Angaben des Stifterverbands für die Deutsche Wissenschaft 2010 im Bundesdurchschnitt bei 22 Prozent (Stifterverband für die deutsche Wissenschaft 2015).

[40] Datenmanagement beinhaltet unter anderem die Beschreibung der Datensätze (Metadatenstandards), die Qualitätssicherung und Datensicherheit, die Aufteilung der Verantwortlichkeiten im Erhebungs-, Archivierungs- und Bereitstellungsprozess sowie die Festlegung von Zeitabläufen (Corti et al. 2014).

[41] Der Wellcome Trust ist ein in England ansässiger Förderer für biomedizinische Forschung.

In einer eigenen Untersuchung der Richtlinien von 35 Forschungsförderern aus dem Jahr 2016 konnte festgestellt werden, dass etwa die Hälfte (16, 46 Prozent) einen Datenmanagementplan bei der Antragstellung verlangt. Bei zwölf (34 Prozent) der untersuchten Förderer werden die Mittelempfänger zur Datenoffenlegung verpflichtet, bei elf wird die Offenlegung empfohlen (31 Prozent) und bei zwölf (34 Prozent) gibt es keinerlei Vorgabe hierzu. Lediglich sechs (17 Prozent) spezifizieren den Zeitraum, für den Daten aus geförderten Forschungsprojekten aufbewahrt werden sollen. Im Übrigen verlangt kein Förderer explizit die unbefristete Archivierung der Daten. Immerhin 14 (40 Prozent) der untersuchten Forschungsförderer gewähren eine sogenannte Embargofrist, also einen Zeitraum, in der der Primärforscher exklusiv mit seinen Daten veröffentlichen darf. Zumindest die Hälfte der Förderer im Sample hat Datenmanagement auf dem Schirm. Mit Blick auf den stärker werdenden Druck zur Offenlegung ist davon auszugehen, dass diese Zahl mittelfristig steigen wird.

Enke et al. (2012) weisen auf das Problem der **finanziellen Absicherung** öffentlich geförderter Infrastrukturmaßnahmen nach Ablauf der Förderfrist hin. Auch Mennes et al. (2013) sehen es als die Aufgabe der Forschungsförderer, eine langfristige Archivierung von Forschungsdaten durch die Bereitstellung finanzieller Mittel zu gewährleisten.

Einige Autoren betrachten den **Wettbewerb um Drittmittel** als eine Erklärung für die geringe Bereitschaft Daten zu teilen. Demnach orientiere sich die Mittelvergabe an der Forschungsleistung der Antragsteller; diese wiederum bemisst sich vorrangig an Ergebnispublikationen und nicht an Datenpublikationen (siehe auch Axelsson und Schroder 2009;

Teeters et al. 2008; Wallis et al. 2013). Insofern zeigt sich bei der Drittmittelvergabe aus der Perspektive der Forschenden ein ähnliches Wettbewerbsverständnis wie bei den zuvor geschilderten Publikationserwägungen. Mennes et al. (2013) fordern daher, dass die Nachnutzung von Daten aus drittmittelfinanzierten Projekten dokumentiert und in der Projekt- und Antragsevaluation berücksichtigt wird (siehe auch Nelson 2009). Perrino et al. (2013) sehen Drittmittel für Sekundärforschung als einen Katalysator für den Forschungsdatenaustausch.

FACHZEITSCHRIFTEN

Durch **Veröffentlichungsrichtlinien** können Fachzeitschriften die Veröffentlichung der von ihnen publizierten Artikel regulieren (sog. *postpublication sharing*). Gerade für die Durchführung von datenbasierten Replikationsstudien (siehe Abschnitt 3.1) ist es notwendig, dass die Daten publizierter Ergebnisse ausreichend dokumentiert hinterlegt sind. Wie zuvor dargelegt, verfügen nur wenige Fachzeitschriften über solche Datenmanagmentrichtlinien beziehungsweise setzen diese nicht konsequent um.

Richtlinien zur Datenoffenlegung bei der Publikation eines Ergebnisses haben aber potenziell einen positiven Effekt auf die Datenbereitstellung. Huang et al. (2012 S. 403) befragten 372 Biodiversitätsforscher und erkannten einen schwachen Einfluss des Renommees einer Zeitschrift auf die Wirksamkeit solcher Richtlinien:

> *Respondents were asked whether a journal's data archiving policy would influence their manuscript submission. Approximately onefifth (21.3%) indicated that such a policy by a leading journal*

would influence them very much«, whereas such a policy by a lower ranked journal would influence a smaller proportion of respondents very much (16.8%).

Huang et al. (2012) zufolge, würde ein Großteil der Befragten (69 Prozent für niedrig- und 73 Prozent für hochbewertete Zeitschriften) eine obligatorische Publikation von zugrundeliegenden Daten akzeptieren.

Die Richtlinien disziplinär hochrangiger Fachzeitschriften können ganze disziplinäre Kulturen des Datenaustausches begründen. Anagnostou et al. (2013) gingen der Frage nach, weshalb in der forensischen Genetik ein Großteil der Datensätze publizierter Ergebnisse (86 Prozent) zugänglich ist, wohingegen bei verwandten Disziplinen der Anteil wesentlich geringer ist; z. B. in der medizinischen Genetik sind nur 63 Prozent der Datensätze zugänglich (siehe auch Milia et al. 2012). Den Hauptgrund sehen die Autoren in der Verbindlichkeit der Richtlinien der jeweiligen Fachzeitschriften.[42] Bei einer Untersuchung von 508 Artikeln, die zwischen 2008 und 2011 in der forensischen Genetik veröffentlicht worden sind, beobachten sie weiterhin, dass bei Zeitschriften mit einer verbindlichen Richtlinie, die Wahrscheinlichkeit höher ist, dass die Daten tatsächlich veröffentlicht werden (siehe ebenso Milia et al. 2012).

Für viele Forschende ist die Wahrung von Publikationsmöglichkeiten ein Grund gegen eine Bereitstellung. Eine Embargofrist, in der bereitstellende

---

[42] Anagnostou und Destrobisol nennen nach einer Emailanfrage des Autors vom 15. Januar 2015 als weitere Gründe gemeinsame Übungen die ausgeprägte Replikationskultur der forensischen Genetik.

Forscher exklusiv Daten nutzen dürfen, bevor sie bereitgestellt werden, wird daher von vielen Autoren als zuträglich für den Forschungsdatenaustausch empfunden. In ihrer Befragung kommen Huang et al. (2012) zu dem Ergebnis, dass 60 Prozent der 372 befragten Biodiversitätsforscher, ihre Daten nicht vor einer eigenen Publikation bereitstellen würden. Wallis et al. (2013) kommen zu einer ähnlichen Erkenntnis in einer teilnehmenden Beobachtung von CENS-Forschern.[43]

Einen Einblick in die Implementierung einer Richtlinie, die eine solche Embargofrist vorsieht, geben Whitlock et al. (2010) für die Zeitschrift *The American Naturalist.*[44] Die Autoren – zugleich Herausgeber der Zeitschrift – begründen die Notwendigkeit der Datenoffenlegung mit dem hohen Nachnutzungspotenzial von Gendaten und der Absenz technischer Barrieren. Die Richtlinien soll aber zugleich auf die Publikationserwägungen der Forscher eingehen (Whitlock et al. 2010, S. 146):

> *To protect the ability of individual researchers to use the data that they have collected, the policy allows an embargo period after publication. While the data will be entered into an archive at the time of publication, the data may be restricted from public view for up to a year. This allows the original researcher time to publish other papers based on the data set.*

---

[43] Centre for Embedded Networked Sensing ist eine Förderinitiative der National Science Foundation (CENS 2015).

[44] The American Naturalist ist eine monatlich erscheinende, begutachtete Fachzeitschrift aus der Biologie (Impact-Faktor 4.7), die von der University of Chicago Press herausgegeben wird.

Piwowar (2010) beobachtete, dass die Wahrscheinlichkeit, dass Forschungsdaten von publizierten Studien verfügbar sind, bei Open-Access-Zeitschriften höher ist als bei Zeitschriften, die nicht entsprechend zugänglich sind. Offen bleibt, ob dieser Effekt darauf zurückzuführen ist, dass Open-Access-Zeitschriften entsprechende Datenrichtlinien haben oder ob Autoren, die darin publizieren, generell offener im Umgang mit ihren Daten sind (siehe hierzu Kapitel 5.2.3).

Fachzeitschriften können durch Richtlinien die Veröffentlichung von den Artikeln zugrundeliegenden Daten fordern. Insbesondere bei in der Community hochangesehenen Zeitschriften kann die obligatorische Datenpublikation eine Signalwirkung erzielen. Relativ wenige Fachzeitschriften verfügen über solche Richtlinien (siehe Kapitel 3.1). Hier als Form der formalen Anerkennung zur Kategorie Datenbereitsteller gezählt (siehe Kapitel 4.3.1), strukturell allerdings hochinteressant ist die Gründung sogenannter Datenjournale, die bisher vorrangig Ableger von (meist kommerziellen) Fachzeitschriften sind oder das Hinterlegen von Daten bei den jeweiligen Tabellen und Grafiken im Text.

FAZIT: DATEN-GOVERNANCE UND UNTERSCHIEDLICHE ORGANISATIONSZIELE

Es lässt sich festhalten, dass wissenschaftliche Organisationen beim Forschungsdatenaustausch eine Governance-Aufgabe innehaben, der sie insbesondere durch Richtlinien und Infrastrukturservices nachkommen können. Dabei fällt auf, dass die Ziele – und entsprechend die Umsetzung der Datengovernance – je nach Organisationstyp variieren.

Für Forschungsförderer besteht aufgrund von ökonomischen (effizienter Mitteleinsatz) und Qualitätsargumenten (Replizierbarkeit) ein starkes Interesse daran, dass Forscher ihre Daten offenlegen. Sie können durch finanzielle Anreize (z. B. Drittmittel) und gezielte Infrastrukturinvestitionen die Produktion und Bereitstellung von Daten fördern. Für Fachzeitschriften ist die Offenlegung von Daten im Hinblick auf die Replizierbarkeit publizierter Ergebnisse vor allem eine Frage des eigenen Qualitätsanspruchs, wobei hier das vollkommene Ausbleiben jedweder Datenmanagementrichtlinie bei einem Großteil der Zeitschriften durchaus als kritisch betrachtet werden darf. Die Zeitschrift Nature, die den höchsten Impact aller Fachzeitschriften genießt, hat erst im September 2016 eine Policy eingeführt, wonach bei Artikeln in Nature (und 12 weiteren Nature-Ablegern) Informationen über die Datenverfügbarkeit mitangegeben werden müssen (Nature 2016). Forschungseinrichtungen befinden sich gewissermaßen in einer schizophrenen Situation. Einerseits kann das organisationsinterne Datenmanagement und gegebenenfalls die Aufbereitung und Bereitstellung guter Datensätze zum Selbstverständnis einer guten Forschungseinrichtung gezählt werden. Auf der anderen Seite könnten Publikationserwägungen viele Forschungseinrichtungen dazu bewegen, im Haus gewonnene Daten gerade nicht oder nur selektiv Forschern konkurrierender Einrichtungen bereitzustellen.

4.3.3 FORSCHUNGSGEMEINSCHAFT

Neben dem formalen organisatorischen Kontext, ist ein Forscher immer auch Mitglied der wissenschaftlichen Community. Diese ist die genuine soziale Form wissenschaftlicher Wissensproduktion, in dem methodische

Standards und Regeln der Forschung entwickelt, tradiert und kontrolliert werden. Im Gegensatz zu seinem organisationellen Umfeld, gibt es wenige institutionelle Strukturen der Forschungsgemeinschaft, außer vielleicht Fachgesellschaften oder große Konferenzen und Fachtagungen. Die **Kategorie Forschungsgemeinschaft** erfasst also wissenschaftsspezifische soziale und kulturelle Kontextfaktoren, die auf die Erhebung, Aufbereitung und Bereitstellung von Forschungsdaten wirken (siehe Tabelle 11).

DISZIPLINÄRE PRAKTIKEN

Wie in 2.1 dargelegt, entspringen Forschungsdaten heterogenen disziplinären Erhebungs- und Analyselogiken und unterscheiden sich im Hinblick auf den Umgang mit Daten.

Selbst bei verwandten Forschungsfeldern kommt dies zum Ausdruck. Milia et al. (2012) untersuchten 543 Datensets von 508 Artikeln aus der Humangenomforschung, die dazu zwischen 2008 und 2011 auf *Pubmed*[45] registriert wurden. Sie konnten erkennen, dass bei nur 63 Prozent der Studien aus der medizinischen Genetik die zugrundeliegenden Daten komplett zugänglich waren. Dagegen waren die Daten aus der Evolutionsbiologie und forensischen Genetik beinahe vollständig veröffentlicht. Sie führen den Unterschied darauf zurück, dass Daten aus der Humangenomforschung häufiger datenschutzrechtlichen Beschränkungen unterliegen.

---

[45] PubMed ist eine Meta-Datenbank für biomedizinische Artikel (PubMed 2015).

Tenopir et al. (2011) erkennen in einer Befragung von 1329 Umweltforschern aus einer Initiative der amerikanischen *National Science Foundation* ebenfalls Unterschiede zwischen den Disziplinen.

Faktoren	Literaturreferenzen | Beispielzitat
Disziplin	
Disziplinäre Praktiken	Costello 2009; Enke et al. 2012; Haendel et al. 2012; Huang et al. 2013; Milia et al. 2012; Nelson 2009; Tenopir et al. 2011, De Wolf et al. 2005
	Disziplinäre Praktiken „The main obstacle to making more primary scientific data available is not policy or money but misunderstandings and inertia within parts of the scientific community." (Costello 2009, S. 419)
Dokumentationsstandards	
Metadaten Datendokumentation Interoperabilität	Axelsson & Schroeder 2009; Costello 2009; Delson et al. 2007; Edwards et al. 2011; Enke et al. 2012; Freymann et al. 2012; Gardner et al. 2003; Haendel et al. 2012; Jiang et al. 2013; Jones et al. 2012; Linkert et al. 2010; Milia et al. 2012; Nelson 2009; Parr 2007; Sayogo & Pardo 2013; Teeters et al. 2008; Tenopir et al. 2011; Wallis et al. 2013; Whitlock 2011
	Metadaten „In our experience, storage of binary data [...] is based on common formats [...] or other formats that most software tools can read [...]. The much more challenging problem is the metadata. Because standards are not yet agreed upon." (Linkert et al. 2010, S. 779)
Wiss. Fortschritt	
Synergien/ Spill-Over-Effekte Überprüfbarkeit Austausch/ Kollaboration	Alsheikh-Ali et al. 2011; Bezuidenhout 2013; Butler 2007; Chandramohan et al. 2008; Chokshi et al. 2006; Costello 2009; De Wolf et al. 2005; Huang et al. 2013; Ludman et al. 2010; Molloy 2011; Nelson 2009; Perrino et al. 2013; Pitt & Tang 2013; Piwowar et al. 2008; Stanley & Stanley 1988; Teeters et al. 2008; Tenopir et al. 2011; Wallis et al. 2013; Whitlock et al. 2010

Faktoren	Literaturreferenzen | Beispielzitat
	Austausch „The main motivation for researchers to share data is the availability of comparable data sets for comprehensive analyses (72%), while networking with other researchers (71%) was almost equally important." (Enke et al. 2012, S. 28)

Tabelle 11: Kategorie Forschungsgemeinschaft

So gaben in der Befragung von Tenopir et al. 90 Prozent der Atmosphärenforscher und 85 Prozent der Biologen an, dass sie bereits Daten mit anderen Forschern geteilt hätten. Dagegen gaben dies nur 65 Prozent der Medizinforscher, 64 Prozent der Computerwissenschaftler und 58 Prozent der Sozialwissenschaftler an. 76 Prozent der Befragten gaben an, dass sie Daten auf der Webseite ihrer jeweiligen Organisation veröffentlichen. Bei medizinischen Forschern in der Befragung gilt dies für nur 20 Prozent und bei Sozialwissenschaftlern für 30 Prozent. Zwar betrachten Tenopir et al. (2011) und Milia et al. (2012) ganz bestimmte Forschungsfelder; die Ergebnisse deuten dennoch auf erhebliche disziplinäre Unterschiede bei der Bereitstellung von Forschungsdaten hin.

In einigen Disziplinen ist der offene Zugang zu Forschungsdaten gelebte Praxis. De Wolf et al. (2005) zählen dazu einige physikalische Disziplinen, die Meteorologie oder die Biowissenschaften (De Wolf et al. 2005; Nelson 2009). Anagnostou et al. (2013) stellen eine ausgeprägte Kultur der Bereitstellung und Nachnutzung in der forensischen Genetik fest. Neben verbindlichen Veröffentlichungsrichtlinien in den disziplinär relevanten

Fachzeitschriften führen sie die hohe Zahl auf die ausgeprägte Kultur der Standardisierung und Reproduzierbarkeit in der forensischen Genetik zurück (Anagnostou et al. 2013).[46]

Was die Praxis des Forschungsdatenaustausches betrifft, lässt sich eine disziplinäre Heterogenität erkennen. In einigen Forschungsfeldern, wie der forensischen Genetik, der Astronomie oder der Meteorologie, ist der offene Zugang zu Forschungsdaten bereits gängige Praxis. Als Gründe für die disziplinären Unterschiede können unter anderem die Richtlinien von Fachzeitschriften, der unterschiedliche Stellenwert von Replizierbarkeit sowie Verbundforschung identifiziert werden (Anagnostou et al. 2013; Milia et al. 2012; siehe auch Kapitel 4.3.2).

STANDARDS DER DATENARCHIVIERUNG

Es besteht Konsens in der Literatur, dass der Austausch von Daten nur mit einer gewissen Standardisierung der Dokumentation von Daten, von Metadatenstrukturen und von Ablaufprozessen einhergeht.

---

[46] Interessant ist, dass es in den Sozial- und Wirtschaftswissenschaften zwar jede Menge Daten gibt, die geteilt werden, da sie von Institutionen erhoben werden, die die Daten als Infrastruktur teilen müssen (so die Amtliche Statistik, GESIS oder das SOEP), aber in den Sozialwissenschaften einzelne Forscher ihre für Publikationen erstellten Analyseskripte keineswegs häufig bereitstellen (Fecher et al. 2015).

Dokumentationsstandards können hier als technische Komponente im Sinne der Interoperabilität und als eine disziplinäre Konvention betrachtet werden. Hier wird zweites behandelt.[47]

Zwar mag es viele Richtlinien dafür geben, wie Daten aufbereitet und archiviert werden sollen, in der Praxis finden sie jedoch nicht unbedingt Anwendung. Savage und Vickers (2009) bemerken für eine Reihe experimenteller Forschungsgebiete, dass nur Wenige **Metadatenstandards** zur Beschreibung ihrer Datensätze benutzen (siehe auch Axelsson und Schroeder 2009; Gardner et. al 2003). Analog fanden Enke et al. (2012) in ihrer Befragung heraus, dass lediglich 40 Prozent der befragten Biodiversitätsforscher disziplinrelevante Metadatenstandards kennen.

Dabei unterscheiden sich Disziplinen hinsichtlich ihres Grads der Standardisierung der Datendokumentation. Nelson (2009) verweist darauf, dass sich in Disziplinen wie der Humangenomforschung längst Metadatenstandards etabliert haben, wohingegen es in anderen Disziplinen schlichtweg keine gibt. Als Beispiel für letzteres führt er die Schadstoffforschung an. Teeters et al. (2008) berichten von einem ähnlichen Dokumentationsproblem in den Neurowissenschaften. Hier erschweren unterschiedliche Erhebungs- und Analysemethoden innerhalb einzelner Disziplinen das Setzen von Dokumentationsstandards (Haendel et al.

---

[47] Eine bekannte Initiative ist die Data Documentation Initiative, die ein XML-basiertes Metadatenmodell für sozial- und wirtschaftswissenschaftliche Daten entwickelt. Obligatorische Metadaten zur Publikation und Zitation von Forschungsdaten sind Identifikatoren, Urheber, Titel, Verlag und Publikationsjahr.

2012). Tenopir et al. (2011) sehen in der Setzung von Metadatenstandards primär eine Verantwortung der disziplinären Fachgesellschaften.

In der Sekundärdatennutzerbefragung wird ebenfalls die Nachvollziehbarkeit der **Datendokumentation** als ein Hindernis für die Bereitstellung genannt. Als Grund gegen eine Offenlegung seiner Daten nennt ein Befragter die „[n]ur schwer interpersonell nachvollziehbare Dokumentation" (Survey). Hier gilt es zu beachten, dass die Sekundärdatennutzer vorrangig mit gut dokumentierten SOEP-Daten arbeiten. Die aufwendigen Analyseskripte und Variablenbezeichnungen erfüllen für sie quasi die Rolle von Daten. Die Bedeutung von Standards zur Datenbeschreibung sehen Jones et al. (2012) auch in der technischen **Interoperabilität**, wenn unterschiedliche Datensätze zusammengeführt werden (siehe auch Kapitel 4.3.5).

WISSENSCHAFTLICHER FORTSCHRITT

Die Offenlegung von Forschungsdaten wird von vielen Autoren gewissermaßen als eine Selbstverpflichtung gegenüber der Gesellschaft und dem wissenschaftlichen Fortschritt verstanden.

Costello (2009) sieht in der Offenlegung von Forschungsdaten ein gesellschaftliches Anliegen, dass sich einerseits mit der öffentlichen Finanzierung von Forschung und andererseits mit einer gesamtwissenschaftlichen Fortschrittshoffnung, beispielsweise im Gesundheitswesen, begründet (siehe auch Kapitel 2.2). Allein das Wort „Fortschritt" wird 11-mal (von 137 Antworten) in der Sekundärdatennutzerbefragung als Motivation genannt, Daten mit anderen Forschern zu teilen (Survey). In Huang et al.'s (2012, S. 402) Befragung von 372 Biodiversitätsforscher wird der wissenschaftliche Fortschritt als die Hauptmotivation für die Datenoffenlegung identifiziert:

> *When asked what benefits they expected from sharing data, nearly 90% (88.5%, n = 322) of respondents indicated the desire to contribute to scientific progress.*

Interessant ist, womit die Autoren und SOEP-Nutzer, Fortschritt in Verbindung bringen. Meist wird dieser anhand von drei Faktoren erklärt:

1 Synergien und Spill-Over-Effekte, also Faktoren, die Forschung effizienter, effektiver und innovativer machen.

2 Überprüfbarkeit von Ergebnissen, also deren Replizierbarkeit und Nachvollziehbarkeit.

3 Austausch und Feedback, also die Vernetzung und Kollaboration von Wissenschaftlern.

Der Faktor **Synergien und Spill-Over-Effekte** erklärt sich aufgrund des Nutzens von Daten und Analyseskripten in neuen Kontexten (wird viermal von 137 Antworten in der Sekundärdatennutzerbefragung erwähnt; siehe auch Perrino et al. 2013; Piwowar and Chapman 2010) und der Vermeidung von Mehrfacherhebungen (wird achtmal in der Sekundärdatennutzerbefragung erwähnt; siehe auch Perrino et al. 2013).

Darüber hinaus ermöglicht der offene Zugang zu Forschungsdaten die **Überprüfbarkeit von publizierten Ergebnissen**. Perrino et al. (2013) beschreiben Replikationsstudien als eine Maßnahme um der Vertrauenskrise in sozialpsychologischer Forschung entgegenzuwirken. Pitt und Tang (2013) erkennen die Bedeutung von Replikationsstudien in Fällen, in denen Forschungsergebnisse politische oder wirtschaftliche Entscheidungen begründen. In der Sekundärdatennutzerbefragung werden die Worte „Replizierbarkeit" und „Reproduzierbarkeit" (oder ähnlich) 25-mal, also immerhin von 18 Prozent der Antwortenden, als Anreize, Daten bereitzustellen, genannt. Hierzu einer der Befragten (Survey): „Wissenschaft sollte immer reproduzierbar sein, sonst ist es keine Wissenschaft."

Der Faktor **Austausch beziehungsweise Kollaboration** wird in der Sekundärdatennutzerbefragung von 137 Teilnehmern 45 mal, also 33 Prozent der Befragten, als Motivation genannt und bezieht sich dabei vorrangig auf den Austausch über ähnliche Forschungsfragen, die Möglichkeit Anregungen und Hinweise für die eigenen Forschung zu bekommen, die Diskussion über Analysemethoden und um die (SOEP-) Community kennenzulernen und gegebenenfalls zu kooperieren.

Austausch und Kollaboration wird sowohl in der Sekundärdatennutzer-befragung als auch in der Literatur als ein Beitrag zum wissenschaftlichen Fortschritt und eine Motivation für die Datenbereitstellung genannt (z. B. Costello 2009; De Wolf et al. 2005; Ludman et al. 2010; Perrino et al. 2013; Tenopir et al. 2011). Allerdings begrüßen nicht alle Wissenschaftler die Offenlegung ihrer Daten (und Analyseskripte). Ein Befragter in SOEP-Nutzerbefragung möchte seine Daten und Analyseskripte nicht bereitstellen um die „Kommunikation mit Dünnbrettbohrern [zu] vermeiden" (Survey).

FAZIT: DIE COMMUNITY ALS KULTURELLER BEZUGSRAHMEN

Die Forschungsgemeinschaft kann als ein kultureller und sozialer Bezugsrahmen für den einzelnen Forscher betrachtet werden. Sie tradiert Methoden, theoretische Ansätze sowie Kommunikations- und Publikationspraktiken. Aufgrund der heterogenen epistemologischen Annahmen variiert auch der Umgang mit Daten in den jeweiligen Disziplinen oder Forschungsfeldern. Dabei ist anzumerken, dass sich durch die punktuellen Unterschiede zwischen einzelnen Disziplinen eine nähere Betrachtung bestimmter Disziplingruppen aufdrängt. Des weiteren kann festgehalten werden, dass die Fachgesellschaften, als eine der wenigen formal-organisierten Strukturen innerhalb wissenschaftlicher Communities, eine besondere Verantwortung für die nachhaltige Nachnutzung von Forschungsdaten tragen. Sie können dieser Aufgabe etwa mit der Definition von Standards gerecht werden. Darüber hinaus können vor allem sie die formale Anerkennung guter, das heißt vereinfacht viel genutzter, Datensätze vorantreiben.

4.3.4 NORMEN

Die Annahme, dass eine gesetzlich verankerte Forschungsfreiheit in jedem Falle bedeutet, dass Forscher frei von Gesetzen und Regeln mit Daten machen können, was sie wollen, wäre naiv. Tatsächlich muss er viele gesetzliche und ethische Regeln einhalten und Einschätzungen treffen. Auf die Bedeutung von forschungsethischen Grundsätzen und rechtlichen Gesetzen für den Forschungsdatenaustausch wird in der Kategorie **Normen** eingegangen (siehe Tabelle 12).

	Faktoren	Literaturreferenzen | Beispielzitat
Ethische Normen	Menschenwürde Benefizienz Gerechtigkeit Fortschritt	Axelsson & Schroeder 2009; Brakewood & Poldrack 2013; Cooper 2007; De Wolf et al. 2006; Fernandez et al. 2012; Freymann et al. 2012; Haddow 2011; Jarnevich et al. 2007; Levenson 2010; Ludman et al. 2010; Mennes et al. 2013; Pearce & Smith 2011; Perrino et al. 2013; Resnik 2010; Rodgers & Nolte 2006; Sieber 1988; Tenopir et al. 2011
		Menschenwürde „Autonomous decision-making means that a subject [patient] needs to have the ability to think about his or her choice to participate or not and the ability to actually act on that decision." (Brakewood und Poldrack 2013, S. 673)
Gesetzliche Rahmenbedingungen	Datenschutz Lizenzen Urheberrecht und geistiges Eigentum	Axelsson & Schroeder 2009; Brakewood & Poldrack 2013; Breeze et al. 2012; Cahill and Passamo 2007; Cooper 2007; Costello 2009; Chandramohan et al. 2008; Chokshi et al. 2006; Dalgleish et al. 2012; De Wolf et al. 2005; De Wolf et al. 2006; Delson et al. 2007; Eisenberg 2006; Enke et al. 2012; Freymann et al. 2012; Haddow 2011; Kowalczyk & Shankar 2011; Levenson 2010; Mennes et al. 2013; Nelson 2009; Perrino et al. 2013; Pitt & Tang 2013; Eisenberg & Rai 2006; Reidpath & Allotey 2001; Resnik 2010; Rohlfing & Poline 2012; Teeters et al. 2008; Tenopir et al. 2011
		Lizenzen/Verfügung „In fact, unresolved legal issues can deter or restrain the development of collaboration, even if scientists are prepared to proceed." (Sayogo und Pardo 2013, S. 21)

ETHISCHE NORMEN

Bei der Lektüre der Literatur fällt auf, dass nicht allein der gesetzliche Rahmen bei der Betrachtung der normativen Dimension des Forschungsdatenaustausches betrachtet werden kann. Dazu sind Gesetze international zu heterogen und im Vergleich zum technischen und sozialen Fortschritt zu schwerfällig. Es muss also auch einen normativen Rahmen geben, der einen Forscher jenseits des rechtlichen Rahmens Orientierung gibt. Unter Ethik werden hier auf die Wissenschaft bezogene Prinzipien sittlichen und moralischen Handelns zusammengefasst. Ethische Faktoren können den offenen Zugang zu Forschungsdaten begründen (z. B. Fortschritt als sozialer Imperativ), aber ebenso einschränken (z. B. Vertraulichkeit bei Patientenerhebungen).

Brakewood und Poldrack (2013) beschreiben mit den *Belmont-Richtlinien*[48], einen Richtlinienkatalog, der von der *National Commission for the Protection of Human Subjects of Biomedical and Behavioral Research,* im Jahr 1978 veröffentlicht wurde. Die Belmont-Richtlinien geben einen Ordnungsrahmen für ethische Erwägungen bei Erhebungen mit Menschen vor, die die Autoren auf den Umgang mit auf Personen beziehbaren Daten anwenden. Sie enthalten primär drei forschungsethische Prinzipien, die im Folgenden der inhaltlichen Gliederung dienen:

---

[48] Der Belmont-Report beschreibt ethische Richtlinien im Umgang mit Menschen als Untersuchungsobjekten (The National Commission for the Protection of Human Subjects of Biomedical and Behavioral Research 1978).

1 Das Prinzip der Achtung der Menschenwürde,
2 Das Prinzip der Benefizienz und
3 Das Prinzip der Gerechtigkeit.

Das Prinzip der **Achtung der Menschenwürde** besagt, dass eine Person in der Lage sein muss, sich unabhängig und informiert über die Teilnahme an einer Studie und die Weitergabe ihrer Daten zu entscheiden. Die Weitergabe personenbezogener Daten wird in der Regel in der *informierten Einwilligung*[49] geregelt, die neben der Aufklärung über den Erhebungszweck, auch Informationen zur Weitergabe der erhobenen Daten enthalten muss (Bezuidenhout 2013; Fernandez et al. 2012; Haddow 2011; Pearce und Smith 2011; Perrino et al. 2013).

Ludman et al. (2010) gehen in diesem Kontext auf die Bedeutung des *Re-Consent*, also der erneuten oder nachträglichen Einwilligung einer untersuchten oder befragten Person, ein. Dies ist der Fall, wenn für einen bereits erhobenen Datensatz keine – nach heutigen Maßstäben – ausreichende Einwilligung zur Weitergabe vorliegt (z. B. häufig bei der Digitalisierung analoger Datensätze). Zur Veranschaulichung beschreiben die Autoren einen konkreten Fall aus der Genforschung, in dem von 1340 Patienten keine Einwilligung für die Verfügbarmachung ihrer Daten vorlag. Ein Großteil der Patienten (n = 1159) stimmten nachträglich einer Weitergabe ihrer Daten für eine wissenschaftliche Auswertung zu.

---

[49] Im Deutschen auch „Einwilligung nach erfolgter Aufklärung" genannt (Gola 2005). Aufgrund des Persönlichkeits- und Selbstbestimmungsrechts des untersuchten Patienten dürfen Daten nur insofern weitergegeben und so weiterverarbeitet werden, wie dies vom Willen des Patienten getragen wird (§ 5 BDSG).

Ludman et al. (2010) befragten im Anschluss 400 derjenigen Patienten, die der Verfügbarmachung nachträglich zugestimmt haben. Von diesen sagten 90 Prozent, dass es für sie wichtig oder sehr wichtig war, dass sie um Erlaubnis gefragt wurden; 65 Prozent lehnten eine einfache Benachrichtigung ab (siehe hierzu auch Mennes et al. 2013). Allein die Differenz zwischen der Zahl der ursprünglich Untersuchten und derer, die der Verfügbarmachung zugestimmt haben (n = 181), zeigt, dass die nachträgliche Verfügbarmachung nicht von allen Untersuchten getragen wird, obwohl sie an einer wissenschaftlichen Studie teilgenommen hatten. In jedem Fall zeigt die Studie von Ludman et al., dass ein Re-Consent von den Betroffenen gewünscht ist. Zugleich kann ein Re-Consent einen ökonomisch und logistisch schwer vertretbaren Aufwand bedeuten. Haddow (2011) beschreibt in diesem Zusammenhang den Fall Schottland, wo Patientendaten ohne Einwilligung durch die Patienten verfügbar gemacht werden dürfen. Hier sind insofern auch kulturelle Unterschiede im Umgang mit auf Personen beziehbaren Daten zu erkennen.

Das Prinzip der **Benefizienz** besagt, dass kein Schaden für die untersuchte Person oder die Gesellschaft entstehen darf. Für die Nachnutzung von personenbezogenen Daten beziehen Brakewood und Pollack (2013, S. 675) dieses Prinzip insbesondere auf den Schutz der Privatsphäre:

> *In secondary data analysis, the principle of beneficence is applied primarily with data security measures. Some of the greatest risks from secondary data analysis are risks to privacy and confidentiality of the information.*

Das Prinzip lässt sich gleichermaßen auf gesellschaftliche Schäden beziehen. Bezuidenhout (2013) nennt in diesem Zusammenhang mögliche Umweltschäden, die durch den offenen Zugang zu Biodiversitätsdaten verursacht werden könnten (z. B. in Bezug auf seltene Tierarten). Pearce und Smith (2011) sehen die Gefahr, dass Patientendaten für kommerzielle Zwecke, so zum Beispiel in der Versicherungsindustrie, genutzt werden. In der Sekundärdatennutzerbefragung wird der Begriff „Missbrauch" siebenmal als ein Hindernis für die Bereitstellung genannt; die Form der missbräuchlichen Nutzung wird allerdings nicht spezifiziert.[50]

Gemäß dem **Gerechtigkeits-Prinzip**, müssen untersuchte Personen auch – zumindest prinzipiell – Begünstigte der Forschung sein. Meist interpretieren die Autoren das als den Zugang zu den Daten oder den Publikationen. Cooper (2007) bezieht dieses auch auf die Datenanalyse in anthropologischen Erhebungen. Hier sollten, so Cooper, die untersuchten Personen in die Dateninterpretation einbezogen werden. Er begründet dies mit dem interaktiven Erhebungsprozess in der Anthropologie, der den untersuchten Personen gewissermaßen die Deutungshoheit über die erhobenen Daten einräumt.

Ethische Erwägungen können die Offenlegung von Daten ebenso begründen. Axelsson und Schroeder (2009) führten Experteninterviews mit schwedischen Datenbankbetreibern und Datennutzern über die Zugänglichkeit von Daten durch. Die Autoren identifizierten in den Interviews erhoffte **wissenschaftliche Fortschritte** in der evidenzbasierten Medizin als einen ethischen Imperativ für die Verfügbarmachung von

---

[50] Bei den SOEP-Nutzern, die Haushaltsdaten verwenden, liegt es nahe, dass es sich um datenschutzrechtliche Bedenken handelt.

Forschungsdaten (siehe auch Brakewood und Poldrack 2013; De Wolf et al. 2005). Yozwiak et al. (2015) kommen zu einem ähnlichen Schluss für Gensequenzen zur Bekämpfung von Ebola. Hinzu kommen zahlreiche Bezüge auf den wissenschaftlichen Fortschritt als Motivation Daten bereitzustellen in der Sekundärdatennutzerbefragung (siehe 4.2.3 Forschungsgemeinschaft > Wissenschaftlicher Fortschritt). Die Offenlegung von Forschungsdaten lässt sich damit nicht nur utilitaristisch, als effizienter Mitteleinsatz, sondern auch ethisch korrekt legitimieren.

GESETZLICHE RAHMENBEDINGUNGEN

Im Gegensatz zu ethischen Normen, sind rechtliche Rahmenbedingungen, sozusagen als geronnene Ethik, objektiv anwendbar. Bei der Verfügbarmachung von Daten begegnet der Forscher einer Reihe rechtlicher Fragestellungen. Das kann die einfache Frage bedeuten, ob ihm die Daten, mit denen er arbeitet, überhaupt gehören bis hin zur Frage, ob ihm damit vielleicht ein wertvolles Patent entgehen könnte. In der Kategorie **Recht** sind gesetzliche Rahmenbedingungen der Bereitstellung und Nachnutzung von Forschungsdaten zusammengefasst.

Das zuvor beschriebene ethische Prinzip der Benefizienz – im Sinne der Schadensvermeidung für die Untersuchungs- oder Beobachtungsperson – ist traditionell eng mit dem rechtlichen Verständnis des **Datenschutzes** – im Sinne des Schutzes vor missbräuchlicher Verarbeitung personenbezogener Daten – verknüpft. Die Weitergabe von personenbezogenen Daten ist in der Regel nur durch die informierte Einwilligung der untersuchten Person möglich (Bezuidenhout 2013; Fernandez et al. 2012; Haddow 2011; Pearce und Smith 2011; Perrino et al. 2013). Nur in Einzelfällen ist die Ausnahme möglich.[51] De Wolf et al. (2005, S. 12) beschreiben den *Health Insurance Portability and Accountability Act* (HIPAA) in den Vereinigten Staaten, der institutionellen Ethikkommissionen eine besondere Entscheidungsgewalt zusichert:

> *[...] the Department of Health and Human Services issued the Privacy Rule which permits research use without the individual's authorization when an [Institutional Review Board] approves a waiver of authorization.*

Die HIPAA-Verordnung erlaubt es, dass Patientendaten anonymisiert für Forschungszwecke bereitgestellt werden. Hierzu müssen bis zu 18 Identifikatoren[52], die von den Daten auf eine bestimmte Person rückschließen lassen, entfernt werden (Brakewood und Poldrack 2013). Freymann et al. (2012) bemerken hierzu, dass trotz dieser Regelung wenige Patientendaten geteilt werden. Den Hauptgrund sehen sie in der Befürchtung, dass Einzelpersonen trotz der Anonymisierung, re-identifiziert werden können. Bei einer Befragung von mehr als 700 Biodiversitätsforschern gaben 27 Prozent an, dass sie ihre Forschungsdaten aufgrund von Datenschutzbedenken nicht öffentlich bereitstellen

---

[51] Nach deutschem Recht können sensible Daten ohne Einwilligung grundsätzlich weitergegeben und verarbeitet werden. Zum Beispiel: Nach § 30 BlnDSG bzw. § 33 HDSG dürfen öffentliche Stellen auf Personen beziehbare Daten ohne die Einwilligung des Betroffenen für Forschungsarbeiten übermitteln, wenn schutzwürdige Belange nicht beeinträchtigt werden.

[52] Ein Identifikator ist ein Merkmal, dass die eindeutige Identifizierung des tragenden Objektes (hier einer Person) ermöglicht.

(Enke et al. 2012). Allein das Wort „Datenschutz" wird in der Sekundär-datennutzerbefragung (bei 137 Personen, die die Freitexte eingetragen haben) zehnmal als ein Grund gegen die Bereitstellung angeführt (Survey). Hierbei gilt es auch zu beachten, dass ein Großteil der Befragten mit auf Personen beziehbaren Panel-Daten arbeitet.

Um die Nachnutzung von Daten standardmäßig zu regeln, werden Lizenzen eingesetzt. **Lizenzen und Verfügungen** bezeichnen Nutzungsrechte für Forschungsdaten, die der Eigentümer eines Datensatzes – in der Regel der bereitstellende Forscher oder sein Arbeitgeber – einem anderen Forscher einräumen kann. Insbesondere sind hier standardisierte Lizenzmodelle zu nennen, die es erlauben, die Nachnutzung von Forschungsdaten einheitlich zu regulieren. Cahill und Passamano (2007, S. 195) sehen in offenen Lizenzen[53] eine Möglichkeit, rechtliche Unsicherheiten für den Forscher zu reduzieren:

> *A no-rights-reserved policy would allow researchers to use data without worry of being sued, prevent assertion of copyright over data that is not entitled to it, and reduce threats posed by the law's inability to keep pace with technology.*

Dalgleish et al. (2012) bemerken, dass standardisierte Commons-Lizenzen für Forschungsdaten (im Gegensatz zu Artikeln) nur selten und

---

[53] Creative-Commons-Lizenzen sind Standard-Lizenzverträge, mit denen ein Urheber Nutzungsrechte an seinem Werk einräumen kann. Sie werden häufig für freie Kreativinhalte (schöpferisches Gemeingut) verwendet. Eine sogenannte CC0-Lizenz beinhaltet die Aufgabe der Urheberschaft an Daten (Opt-out-Option für Urheber- und Datenbankschutz).

stattdessen eigene Lizenzmodelle verwendet werden, was den Autoren zufolge zu rechtlichen Unsicherheiten bei der Nachnutzung führt.

Cahill und Passamano (2007) zufolge, sollten Wissenschaftler Daten grundsätzlich gemeinfrei und ohne Nutzungseinschränkungen – also *offen* im Sinne der Definition in Abschnitt 2.2 – bereitstellen (ebenso Costello 2009). Sie nennen das Beispiel des Ausschlusses des kommerziellen Nutzens von Daten bei *CC-NC-Modellen*.[54] Costello (2009) zufolge entstehen viele Ergebnisse in Forschungsverbünden, in denen private und öffentliche Partner zusammenarbeiten. Der Ausschluss einer kommerziellen Nutzung würde hier die Nachnutzung von Daten in vielen Verbundforschungsprojekten erschweren.

Lizenzmodelle, bei denen der Urheber umfassend seine Rechte abgibt, widersprechen dem Bedürfnis vieler Forscher, Kontrolle über den Zugriff und die Nutzung ihrer Daten zu behalten (siehe Abschnitt 4.3.1). Viele besitzen eine – zumindest gefühlte – Eigentümer- und Urheberschaft an den Daten, die sie erhoben haben. Delson et al. (2007, S. 162) resümieren ein Fokusgruppeninterview mit Archäologen über den offenen Zugang zu Forschungsdaten folgendermaßen:

> *All participants agreed that the primary control of a database obviously rests with the institution, research group, or individuals that originally created it and, presumably, collected the included data. That collection is usually the result of many years of meticulous work and hard-earned funding.*

Analog hierzu antwortete ein SOEP-Nutzer auf die Frage, weshalb er Daten oder Analyseskripte nicht bereitstelle (Survey):

> *Da steckt sehr viel Arbeit drin. Eine Veröffentlichung auf Basis kopierter Analysen ist nicht wirklich eigenständig. Ich sähe hier das Urheberrecht verletzt.*

Auch wenn dieser gefühlte Besitz nicht unbedingt ein rechtlicher ist, spielt dieser bei der Wahl der Lizenzmodelle und Verfügungsrechte eine Rolle.

Einige Autoren beschreiben das Problem sich **widersprechender Rechtssysteme** (z. B. Enke et al. 2012; Kowalczyk und Shankar 2011; Costello 2009), beispielsweise Im Hinblick auf das Urheberrecht. So ist es in einigen Ländern möglich Datensätze urheberrechtlich zu schützen, in anderen – unter anderem Deutschland – dagegen kaum.

Diese Heterogenität wird beispielsweise dann relevant, wenn ein Forscher auch kommerzielle Interessen mit **Urheberschaft** verknüpft. Eisenberg (2006, S. 1018) sieht in der Patentanmeldung in der Medikamentenforschung sogar eine lukrative Einnahmequelle für Universitäten und Institute:

> *To the extent that such patents are enforceable, they may force drug-developing firms to share the rents that they earn from their patented products with upstream research institutions such as universities.*

Chokshi et al. (2006) warnen davor, dass mit der Nutzung offener Lizenzmodelle die Möglichkeit verloren ginge, Patente anzumelden. Sie beziehen sich auf die Epidemiologie, wo Daten und Software aus akademischer Forschung in Produktinnovationen einfließen würden (ähnlich Czarnitzki et al. 2014). In der Sekundärdatennutzerbefragung werden – womöglich bedingt durch die sozial- und verhaltenswissenschaftliche Disziplinauswahl der SOEP-Nutzer – Patente nicht erwähnt.

FAZIT: RECHTLICHE UNSICHERHEITEN

Es lässt sich zusammenfassen, dass der Forschungsdatenaustausch an wissenschaftsethische und rechtliche Rahmenbedingungen geknüpft ist. Hierzu lässt sich feststellen, dass ethische Prinzipien teils direkt in Gesetze übersetzt werden (z. B. das Prinzip Benefizienz und der Datenschutz) oder sie inspirieren. Die Entwicklung der Gesetzgebung in den letzten Jahren kann durchaus so bewertet werden, dass sie den wissenschaftlichen Austausch forcieren soll. Wenn die EU etwa über Wissenschaftsschranken, Urheberrechts- und Datenschutzharmonisierung nachdenkt, dann hat das durchaus etwas mit der Absicht zu tun, einen gemeinsamen wissenschaftlichen Binnenmarkt herzustellen und die Innovationsfähigkeit zu erhöhen (siehe z. B. Kroes 2012). Nichtsdestotrotz bestehen auf Seiten des Primärforschers eine Reihe rechtlicher Unsicherheiten, beispielsweise aufgrund sich widersprechender Rechtssysteme. Das betrifft beispielsweise die Patentierbarkeit von Datensätzen, was in den Ingenieurwissenschaften und der Informatik ein hochrelevantes Thema ist (Williams 2013), und je nach Land unterschiedlich geregelt ist. Rechtliche Unsicherheiten entstehen weiterhin aufgrund der fehlenden Verständigung auf einheitliche Lizenzmodelle zur Nachnutzung von Daten. Im Bereich der Artikelpublikationen hat sich mit den Creative-

Commons-Lizenzen ein Quasi-Standard zur Beschreibung der Open-Access-Bedingungen durchgesetzt. Vor dem Hintergrund des Ausbaus der europäischen Dateninfrastruktur, insbesondere mit Hinblick auf die geplante *European Open Science Cloud,* sind verstärkte Harmonisierungsbemühungen und die Verständigung auf Standard-Lizenzmodelle dem Austausch zuträglich.

4.3.5 DATENINFRASTRUKTUR

Für die Offenlegung von Daten, im Sinne der Definition in Abschnitt 2.2, ist es notwendig, dass diese auf einem Repositorium langfristig und frei zugänglich hinterlegt sind. Die Dateninfrastruktur kann insofern als Mittlerplattform zwischen Datenbereitsteller und Nachnutzer betrachtet werden. Da erst hier die Transaktion tatsächlich vollzogen wird, kommen auch sich teils widersprechende rechtliche und Usability-Erwägungen zum Tragen. Diese soziotechnische Dimension des Forschungsdatenaustauschs wird in der Kategorie **Datenbereitsteller** behandelt (siehe Tabelle 13).

ARCHITEKTUR

Wie ist ein Repositorium aufgebaut und welche Bedeutung hat das für die Archivierung von Daten? Unter Architektur werden hier der technische Zugang, die Datensicherheit und -qualität sowie die Leistungsfähigkeit eines Repositoriums gefasst.

In der untersuchten Literatur beschreiben beinahe alle Autoren, die sich der technischen Umsetzung des **Zugangs** zu Daten widmen, eine Zugangsbeschränkung, die Eingrenzung des zugriffsberechtigten Personenkreises oder eingeschränkte Nutzungsoptionen (siehe Gardner et al. 2003; Haendel et al. 2012; Jiang et al. 2013; Mennes et al. 2013). Es zeigt sich hier, dass der Zugang zu Forschungsdaten in den seltensten Fällen tatsächlich offen im Sinne der Definition ist. Haddow (2011, S. 1145) spricht in diesem Zusammenhang treffend von der „governance of data", also der Regulierung des Datenzugriffs.

Das Hauptmotiv für eine Beschränkung des Zugangs ist die Datensicherheit. So beobachteten Huang et al. (2012) bei der Auswertung der Kommentarboxen ihres Surveys unter Biodiversitätsforschern, dass viele Bedenken bezüglich der Datenbeschreibung haben.[55]

	Faktoren	Literaturreferenzen | Beispielzitat
Architektur	Zugang Datensicherheit Leistung	Axelsson & Schroeder 2009; Constable et al. 2010; Cooper 2007; De Wolf et al. 2006; Enke et al. 2012; Haddow 2011; Huang et al. 2012; Jarnevich et al. 2007; Kowalczyk & Shankar 2011; Linkert et al. 2010; Resnik 2010; Rodgers & Nolte 2006; Rushby 2013; Sayogo & Pardo 2013; Teeters et al. 2008

[55] Wagner et al. (2016) erwähnen in diesem Zusammenhang auch den Vorteil dezentralisierter Repositorien im Vergleich zentraler Repositorien zur Qualitätssicherung bei „living data". Das sind Daten, die ständig verändert werden (z. B. Daten von Langzeitstudien). Im Gegensatz zu „toten" Daten, die nicht verändert werden, müssen „lebendige" Daten so archiviert werden, dass der Primärforscher oder Datenerheber Zugriff auf sie hat, um die Daten fortzuschreiben und zu verbessern.

Faktoren	Literaturreferenzen | Beispielzitat
	Zugang „It is not permitted, for example, for a faculty member to obtain the data for his or her own research project and then "lend" it to a graduate student to do related dissertation research, even if the graduate student is a research staff signatory, unless this use is specifically stated in the research plan." (Rodgers und Nolte 2006, S. 90)
Datenmanagement Nutzerfreundlichkeit Datendokumentation	Acord & Hartley 2013; Axelsson & Schroeder 2009; Breese et al. 2012; Constable et al. 2010; Delson et al. 2007; Edwards et al. 2011; Enke et al. 2012; Gardner et al. 2003; Haendel et al. 2012; Jiang et al. 2013; Jones et al. 2012; Karami et al. 2013; Linkert et al. 2010; Mennes et al. 2013; Myneni & Patel 2010; Nelson 2009; Nicholson & Bennett 2011; Ostell 2009; Parr 2007; Teeters et al. 2008; Tenopir et al. 2011
	Datendokumentation „The authors came to the conclusion that researchers often fail to develop clear, well-annotated datasets to accompany their research (i.e., metadata), and may lose access and understanding of the original dataset over time." (Tenopir et al. 2011, S. 2) **Nutzerfreundlichkeit** "At the same time, the platform should make it easy for researchers to share data, ideally through a simple one-click upload, with automatic data verification thereafter." (Mennes et al. 2013, S. 688)

Tabelle 13: Kategorie Dateninfrastruktur

Für Kowalcyk und Shankar steht diese dem offenen, uneingeschränkten Zugang zu Daten auf einem Repositorium entgegen. Dabei wird Datensicherheit in der wissenschaftlichen Literatur anhand dreier Faktoren definiert (siehe hierzu Kowalczyk und Shankar 2011; Haddow 2011; Huang et al. 2012; Jarnevich et al. 2007; Rodgers und Nolte 2006):

1 Die Vermeidung der Beschädigung von Inhalten (Integrität),
2 die Überprüfung der Benutzeridentität (Authentifizierung) und
3 der Schutz der Privatsphäre bei Personendaten (Anonymität).

Enke et al. (2012) erkennen in der Versionierung eine gute Methode, um der Beschädigungen von Datensätzen vorzubeugen. Eine andere Methode, um die Datenqualität sicherzustellen, sind Datenkuratoren, die die Vollständigkeit und Richtigkeit von Datensätzen überprüfen (Kowalczyk und Shankar 2011). Haddow et al. (2011) beschreiben den Prozess der Anonymisierung von Datensätzen beim *Warehouse-Modell*, eine gängige Methode um medizinische Daten des *National Health Service*[56] zu archivieren und re-analysierbar zu machen. Bei diesem Modell werden die kompletten Patientendaten samt Identifikatoren zu einem Repositorium gesendet. Dort werden sie von Datenkuratoren, die nicht in die Forschung involviert sind, verschlüsselt. Wissenschaftler, die dann die Daten anfragen erhalten eine Version ohne Identifikatoren.

Die **Leistungsfähigkeit** bezieht sich in erster Linie auf die Kapazität und Langfristigkeit der Archivierung (Teeters et al. 2008; Constable et al.

---

[56] Das National Institute of Health ist eine Behörde des Ministeriums für Gesundheitspflege und Soziale Dienste in den Vereinigten Staaten

2010; Kowalczyk und Shankar 2011; Rushby 2013). Viele Drittmittelgeber verlangen etwa mittlerweile, dass Daten mindestens 10 Jahre bereitgestellt werden müssen. Nicht alle Repositorien, zum Beispiel solche, die im Rahmen von öffentlichen Infrastrukturinvestitionen nur über eine befristete Förderung verfügen, können diesen Zeitraum gewährleisten.

DATENMANAGEMENT

Das Datenmanagement bezieht sich hier auf organisatorische und technische Verfahren zur Archivierung und des Abrufs von Daten. Gerade bei der Nachnutzung von Forschungsdaten aus „Small Science"-Projekten, also Erhebungen von Einzelforschern und kleinen Forscherteams, ist gutes Datenmanagement eine Nutzungsvoraussetzung (siehe Abschnitt 3.1). Gleichzeitig sollte die Archivierung von Daten nach Meinung vieler Autoren keinen großen Aufwand für den Forscher bedeuten.

Probleme der Nachnutzung durch unzureichende **Datendokumentation** wurden bereits in 3.1 im Kontext der Replizierbarkeit behandelt. Die Beschreibung von Datensätzen auf einem Repositorium muss deren Entstehungskontext nachvollziehbar machen. Gleichzeitig muss die Metadatenabfrage den Archivierungsaufwand für den bereitstellenden Forscher gering halten.

Bei einer Untersuchung von 32 Datenrepositorien fanden Austin et al. (2015) heraus, dass 22 (69 Prozent) eigene Metadatenstrukturen verwenden anstelle von standardisierten Metadatenstrukturen von *DataCite* oder *Dublin Core* (DataCite Metadata Working Group 2014). Die Autoren erkennen darin eine gutgemeinte aber unnötige Einschränkung der Verständlichkeit und Interoperabilit. Linkert et al. (2010, S. 779) verweisen im Kontext fehlender Standardisierung in den Biowissenschaften auf das Problem, dass einige Software-Produkte unterschiedliche Metadatenbeschreibungen generieren, die nicht kompatibel miteinander sind (siehe auch Myneni und Patel 2010).

Einige Autoren sehen in der **Nutzerfreundlichkeit** eines Repositoriums einen wesentlichen Nachnutzungsfaktor. In der untersuchten Literatur bezieht sich dies meist auf die Reduktion des Bereitstellungsaufwandes für den Bereitsteller. Mennes et al. (2013) schlagen für die Neuroimaging-Community einen *One-Click-Upload* von Datensätzen vor, womit der Aufwand der Archivierung für die Bereitsteller gering gehalten werden soll. Die bereitgestellten Datensätze werden im Anschluss von Datenkuratoren überprüft. Auch andere Autoren gehen auf den Bedarf von Datenservices und Kuratoren ein, die den bereitstellenden Wissenschaftler Arbeit abnehmen und die Dokumentation und Datenqualität überprüfen (z. B. Teeters et al. 2008; Kowalczyk und Shankar 2011). Laut Enke et al. (2012), wünschen sich Wissenschaftler Kommunikationstools, um sich mit anderen Forschern auszutauschen, Datenvisualisierungstools sowie Angaben über die Nutzung eines Datensets als wichtige Aspekte der Nutzerfreundlichkeit. Viele Autoren fordern zudem die bessere Auffindbarkeit von Daten (z. B. Kowalczyk und Shankar 2011; Nelson 2009; Nicholson und Bennett 2011).

FAZIT: DIE MITTLERFUNKTION DER DATENINFRASTRUKTUR

Die Dateninfrastruktur erfüllt die Mittlerfunktion zwischen dem Datenproduzenten und dem potenziellen Nachnutzer. Da dort der Austausch tatsächlich von Statten geht, manifestieren sich in ihr vielgestaltige Einschränkungen. Dies können rechtliche Ansprüche an die Datensicherheit, technische Ansprüche an die Datenqualität und – Dokumentation sein; aber auch Ansprüche an die Nutzerfreundlichkeit sowohl für den Bereitsteller als auch für den Nachnutzer. Es zeigt sich, dass die Verwaltung und Nutzbarmachung von Primärdaten ein aufwendiger Prozess ist, bei dem Offenheit ein Kompromiss zwischen unterschiedlichen Qualitäts-, Usability- und Sicherheitsansprüchen ist.

4.3.6 DATENNUTZUNG

Wie in den Abschnitten zuvor deutlich wurden, hat die Art der Nachnutzung in hohem Maße einen Einfluss auf die Entscheidung für oder wider einer Bereitstellung. Entsprechend des Untersuchungsinteresses – Forschungsdatenaustausch in der *small science* – werden in der Kategorie **Datennutzung** Aspekte in Bezug auf die Nachnutzung durch einen anderen Forscher zusammengefasst (siehe Tabelle 14).[57]

NACHTEILIGE NUTZUNG

Durch die Nachnutzung von Forschungsdaten entstehen für die Wissenschaft als Ganzes, aber auch für die bereitstellenden Forscher, Vorteile

---

[57] Die für den Bereitsteller positiven Effekte, wie die Verbesserung der eigenen Forschungsarbeit oder mögliche Kooperationen, wurden bei der Analyse der Literatur und Sekundärdatennutzerbefragung der Kategorie Datenbereitsteller (siehe Abschnitt 4.3.1) zugeordnet.

(siehe Kapitel 3). Daneben lassen sich jedoch auch Nachteile für den bereitstellenden Forscher geltend machen. Die in den analysierten Texten und der Sekundärdatennutzerbefragung wiederholt genannten Formen der nachteiligen Nutzung lassen sich auf vier Ausprägungen verdichten:

1 die Falsifizierung, also der Nachweis der Ungültigkeit einer Aussage des Primärforschers durch den Nachnutzer,

2 die nachteilige kommerzielle Nutzung, als die nachteilige oder unerwünschte Nutzung der bereitgestellten Daten durch kommerzielle Unternehmen,

3 die kompetitive Nutzung, also die Publikation von Ergebnissen auf Grundlage von bereitgestellten Daten durch konkurrierende Forscher und

4 die fehlerhafte Interpretation der bereitgestellten Daten durch andere Wissenschaftler.

In der analysierten Literatur wird die **Falsifizierung beziehungsweise Kritik** als ein Faktor gegen die Bereitstellung allenfalls indirekt oder anekdotisch genannt. Reidpath und Allotey (2001) erfragten bei den Autoren von 29 publizierten Artikeln aus der Medizinforschung die den Ergebnissen zugrundeliegenden Daten. Sie wählten dafür zwei Herangehensweisen: Die Autoren der einen Gruppe erhielten allgemeine Anfragen, ohne spezifische Nennung des Grundes der Anfrage; die Autoren der anderen Gruppe erhielten spezifische Anfragen, in der die Daten für den Zweck einer Replikationsstudie angefragt wurden. Welcher Autor welche Art der Anfrage bekam wurde zufällig ausgewählt. 86 Prozent der Autoren, die eine allgemeine Anfrage bekamen, antworteten auf diese, aber nur 60 Prozent, die eine Anfrage zwecks Replikation bekamen.

Reidpath und Allotey interpretieren dieses Ergebnis damit, dass einige die Falsifizierung ihrer Ergebnisse befürchten.

	Faktoren	Literaturreferenzen | Beispielzitat
Nachteilige Nutzung	Falsifizierung/ Kritik Kommerzielle Nutzung Kompetitive Nutzung Fehlerhafte Interpretation	Acord & Harley 2013; Anderson & Schonfeld 2009; Cooper 2007; Costello 2009; De Wolf et al. 2006; Enke et al. 2012; Fisher & Fortman 2010; Gardner et al. 2003; Harding et al. 2011; Hayman et al. 2012; Huang et al. 2012; Huang et al. 2013; Molloy 2011; Nelson 2009; Overbey 1999; Parr & Cummings 2005; Pearce & Smith 2011; Perrino et al. 2013; Reidpath & Allotey 2001; Sieber 1988; Stanley & Stanley 1988; Tenopir et al. 2011; Wallis et al. 2013; Zimmerman 2008
		Falsifizierung „I am afraid that I made a mistake somewhere that I didn find myself and someone else finds" (Survey) **Kompetitive Nutzung** „Furthermore I have concerns that I used my data exhaustively before I publish it" Survey
Org. Hintergrund	Sicherheit	Fernandez et al. 2012; Tenopir et al. 2011
		Sicherheit „Do the lab facilities of the receiving researcher allow for the proper containment and protection of the data? Do the [...] security policies of the receiving lab/organization adequately reduce the risk that an internal or external party accesses and releases the data in an unauthorized fashion?" (Fernandez et al. 2012, S. 138)

Tabelle 14: Kategorie Datennutzung

Während in der Literatur die Gefahr der Falsifizierung oder Kritik durch eine Datenoffenlegung kaum Erwähnung findet (stattdessen wird die Erhöhung der Replizierbarkeit von Ergebnissen betont), ist dies – zumindest für die Befragten SOEP-Nutzer – eine reale Befürchtung. Immerhin siebenmal (von 137 Antworten), wird dieser Faktor als ein Grund gegen die Bereitstellung von Daten genannt. Ein Befragter antwortet auf die Frage, weshalb er keine Daten oder Analyseskripte teilen würde (Survey):

> *Womöglich Angst, dass ich irgendwo selbst einen Fehler gemacht habe, den ich nie entdeckt habe und den ein anderer entdeckt. Daher fände ich den persönlichen Austausch angenehm, in dem man sich möglicherweise gegenseitig mit ähnlichen Anliegen unterstützt.*

In diesem Zitat offenbaren sich zwei Dinge: Erstens das Bedenken einer öffentlichen Falsifizierung und zweitens der Wunsch nach persönlichem Austausch mit anderen Kollegen zur Verbesserung der eigenen Arbeit. Das Zitat könnte als Beleg für die Aussage dienen, dass Forscher zwar den Mehrwert des Forschungsdatenaustausches gerade auch für ihre eigene Arbeit erkennen, aber die Entscheidung der Bereitstellung mit möglichen Gefahren (hier der Falsifikation) abwägen. Noch wichtiger ist für die befragten SOEP-Nutzer allerdings ein gesamtwissenschaftlicher Vorteil des Datenaustausches: Immerhin sehen 42 nennen die Replizierbarkeit explizit als eine Motivation für die Bereitstellung ihrer Daten und Analyseskripte.

Wie in Abschnitt 4.3.4 dargelegt, können mit Daten auch kommerzielle Interessen von Forschenden verbunden sein. Hinzu kommt, dass Forschungsdaten auch in der Wirtschaft einen Wert entfalten können (siehe

Abschnitt 3.2). Es lassen sich allerdings auch – zumindest aus Forscher-sicht – negative Beispiele für die **kommerzielle Verwendung** von For-schungsdaten ausmachen, meist in Zusammenhang mit forschungsethi-schen Erwägungen.

Haddow (2011, S. 1143) führte Fokusgruppeninterviews mit Medizinfor-schern zur Datenarchivierung und –anonymisierung durch. Die Ge-sprächspartner, allein akademische Forscher, äußerten Bedenken, dass Versicherungsunternehmen auf sensible Patientendaten zugreifen und diese verkaufen oder dazu verwenden, um Versicherungsansprüche abzuweisen:

> *Particular concerns were expressed around unauthorized access by insurance companies largely because it was felt they would poten-tially use this information to refuse to pay out on insurance claims but also because they were thought to sell on such information.*

Pearce und Smith (2011, S. 5) beziehen die unerwünschte Form der kommerziellen Nutzung auf die Pharmaforschung, in der, so die Autoren, kommerzielle Unternehmen kritische Wirkungsstudien regelmäßig diskreditieren. Dagegen befürworten Anderson und Schonfeld (2009) die kommerzielle Nutzung von medizinischen Forschungsdaten, um die Wirksamkeit von Medikamenten zu überprüfen. Die Autoren schlagen vor, dass in Zweifelsfällen die Ethikkommissionen der beteiligten Institute eine Entscheidung über die Weitergabe von Forschungsdaten an kommerzielle Nutzer fällen sollen.

Die Unterkategorie **Kompetitive Nutzung** bezieht sich auf das Bedenken des Primärforschers, dass konkurrierende Wissenschaftler mit den bereitgestellten Daten vor ihm publizieren könnten. Hier sind die

Bedeutung von Artikelveröffentlichungen für die wissenschaftliche Karriere und die vergleichsweise geringe Bedeutung von Datenpublikationen erneut hervorzuheben. Die Intention eines rationalen Forschers ist es, die erhobenen Daten für (weitere) Artikelpublikationen zu verwenden (siehe hierzu auch Costello 2009; Fisher und Fortman 2010; Gardner et al. 2003; Nelson 2009; Parr und Cummings 2005; Sieber 1988).

Die Datenerhebung kann daher als eine Investition in künftige Artikel betrachtet werden (Acord und Harley 2013), welche durch eine Verfügbarmachung entwerten werden würde. Dass Forscher aufgrund dieser Investition Daten nur ungern offen bereitstellen, ist für Pearce und Smith (2011, S. 4) verständlich:

> *It is understandable that researchers may feel unhappy if they work for several years to develop a research proposal, get the funding, get the ethical approval, hire staff, collect the data, clean the data, and produce the first publication, to then have the data quickly "shared" with investigators who have done none of this work.*

Diesen Investitionsgedanken haben auch SOEP-Nutzer. Einer antwortet etwa auf die Frage, was dagegen spricht, seine Daten und Analyseskripte zu teilen: „Mein Wissen um Operationalisierung und Analyse sind mein Kapital" (Survey). Insgesamt wird der Aspekt der kompetitiven Publikationserwägungen von SOEP-Nutzern 30-mal (bei 137 Freitextantworten) als ein Hindernis, Daten bereitzustellen, identifiziert.

Kompetitive Erwägungen treten auch auf der Ebene des Arbeitgebers von Forschern auf. Insofern kann auch der **organisatorische Hintergrund des Datennutzers** ein Grund gegen eine Bereitstellung sein. Einer der befragten SOEP-Nutzer antwortete auf die Frage, was ihn davon abhält

Daten und Analyseskripte bereitzustellen „[um] konkurrierenden Institutionen keine zu weitgehende Unterstützung zu geben" (Survey). [58]

Eine weitere nachteilige Form der Nutzung bezieht sich auf die **fehlerhafte Interpretation** der Daten. Laut einer Befragung von Enke et al. (2012) unter Biodiversitätsforschern, hatten 31 Prozent der Forscher Bedenken, dass potenzielle Nutzer ihrer Daten nicht in der Lage sind, diese fehlerfrei zu analysieren (Enke et al. 2012). Wenn auch nicht explizit im Text genannt, so ist zu vermuten, dass sich dieses Bedenken vor allem mit unvollständiger oder unverständlicher Datendokumentation erklären lässt (Ioannidis et al. 2009).

Anders gestaltet sich dieses Argument in qualitativ arbeitenden Disziplinen, in denen der Forscher quasi Teil der Erhebung und seine individuelle Felderfahrung Teil der Analyse ist. Cooper (2007) bezieht die Bedenken der fehlerhaften Interpretation beispielsweise auf die Ethnografie, in der er den Prozess der Datenerhebung bis hin zur Interpretation als eine ständige Vermittlungsaufgabe zwischen Feld, Forscher und der untersuchten Gruppe sieht. Eine Interpretation der so gewonnen Forschungsdaten ist ohne das implizite Wissen des Forschers beziehungsweise der beobachteten Personen nicht möglich (hierzu auch Harding et al. 2011; Hayman et al. 2012; Overbey 1999).

Um solchen Bedenken entgegenzuwirken schlagen Fisher und Fortman (2010) vor, dass bereitstellende Forscher eine konsultierende Rolle für

---

[58] Mögliche Hinderungsgründe im Zusammenhang mit der Empfängerorganisation können weiterhin Bedenken bezüglich der Datensicherheit sein (Fernandez 2012).

potenzielle Nachnutzer einnehmen sollen (im Gegenzug für eine Zitation oder Autorenschaft). Von den befragten SOEP-Nutzern haben nur zwei die Befürchtung, dass Daten fehlerhaft interpretiert werden, was angesichts dessen, dass SOEP-Daten quasi schon perfekt aufbereitet vorliegen, wenig überrascht.

FAZIT: SOZIALER NUTZEN, INDVIDUELLER NACHTEIL?

Es besteht Konsens darüber, dass die Nachnutzung von Forschungsdaten dem wissenschaftlichen Fortschritt zuträglich ist. Dem bereitstellenden Forscher entstehen allerdings Nachteile, die sich im Besonderen auf die Anreizkultur der akademischen Forschung beziehen. Daten sind demnach im Wesentlichen ein Rohstoff für Publikationen, die für die Karriere von Forschern eine zentrale Bedeutung haben.

4.4 GRENZEN DER OFFENHEIT

Der Systemblick auf den gesamten Prozess des Forschungsdatenaustauschs erlaubt es, diese Grenzen zu verorten und zu analysieren. Am Ende dieses Kapitels lässt sich festhalten, dass der Forschungsdatenaustausch ein komplexer soziotechnischer Prozess ist, dem in der Praxis noch eine Reihe systematischer Grenzen gesetzt sind.

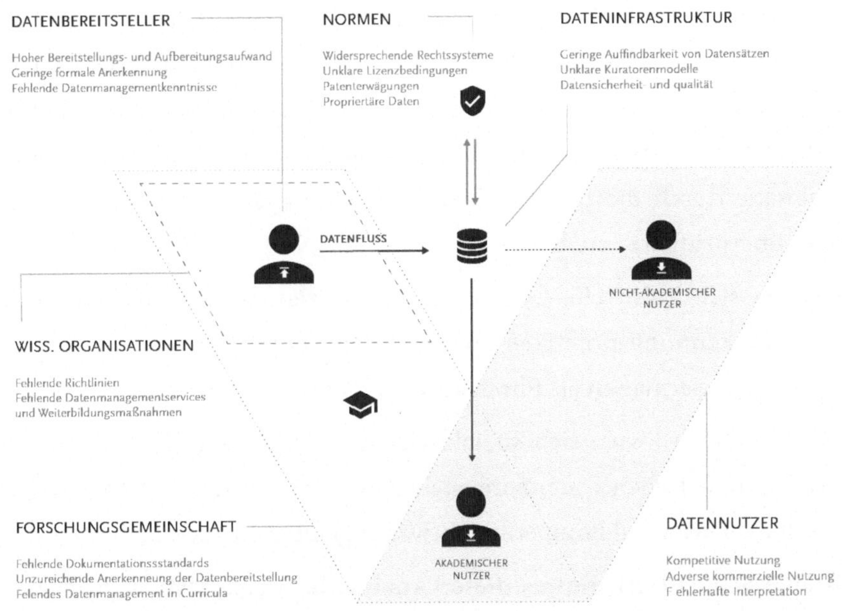

Abbildung 6: Systemblick auf den Forschungsdatenaustausch – Grenzen

So lassen sich **technische Grenzen bei der Dateninfrastruktur** identifizieren, so etwa fehlende oder unklare Dokumentationsstandards. Das erschwert die Nachvollziehbarkeit der Erhebung und schränkt somit auch

Replikation ein. Unklare Metadatenstandards erschweren zudem die Auffindbarkeit und Interoperabilität von Datensätzen.

Es lassen sich **rechtliche Einschränkungen** bei der Offenlegung erkennen. Das betrifft den Schutz von Personendaten und den Austausch proprietärer Daten. Konkurrierende Lizenzmodelle führen außerdem zu rechtlichen Unsicherheiten bezüglich der Nachnutzungsbedingungen.

Es lassen sich **organisatorische Grenzen** identifizieren. Hier lassen sich etwa unzureichende Datenmanagementrichtlinien auf Seiten der Forschungsförderer (aber auch Fachzeitschriften) und fehlende Serviceleistungen auf Seiten der Forschungseinrichtungen ausmachen. Im Besonderen kommen Fachzeitschriften ihrer Aufgabe, die von ihnen publizierten Ergebnisse durch die parallele Veröffentlichung der zugrundeliegenden Daten überprüfbarer zu machen, nicht nach.

Es lassen sich **kulturelle Grenzen** identifizieren. In den wissenschaftlichen Anerkennungspraktiken spielen Daten keine besondere Rolle. Sie werden gewissermaßen als Publikationsrohstoff gehandelt.

Und schließlich lassen sich **soziale Grenzen** feststellen, die sich auf die Interaktion zwischen Datenbereitsteller und Nachnutzer beziehen. Diese betreffen vorwiegend kompetitive Erwägungen bei Artikelpublikationen.

Als eine Schlüsselerkenntnis dieser Analyse lässt sich festhalten, dass es keine monokausale Erklärung für die Entscheidung für oder wider einer Bereitstellung von Forschungsdaten gibt. Der Systemblick auf den Forschungsdatenaustausch offenbart, dass auf sämtlichen Ebenen der wissenschaftlichen Wertschöpfung – sei es auf der technischen, der ethisch-rechtlichen, der organisatorischen oder der sozialen Ebene – Grenzen der Offenheit bestehen (siehe Tabelle 15). **All diese Grenzen** zeugen davon, dass eine Kultur der Offenheit, zumindest in Bezug auf Daten, bisher allenfalls im Entstehen ist und dass ein offener Zugang zu Forschungsdaten bislang ein Ideal ist.

Anreize	Hindernisse
Austausch- und Kollaborationsmöglichkeiten (z. B. Zusammenarbeit in Folgeprojekten)	Verlust des Publikationsvorteils
Unterstützung durch den Arbeitgeber (z. B. Datenmanagementservices, Richtlinien und Schulungen)	Kritik oder Falsifikation der eigenen Arbeit
Anerkennung für die Bereitstellung (z. B. Datenzitation, finanzieller Ausgleich, Ko-Autorenschaft)	Fehlerhafte Interpretation der Daten durch den Nachnutzer
Kenntnisse über die Nachnutzung	Hoher Aufwand der Bereitstellung (z. B. Aufbereitung, technische Bereitstellung)
Publikationsvorrecht (z. B. Embargofrist bei Drittmittelförderung)	—

Tabelle 15: Anreize und Hindernisse für die Datenbereitstellung

In den folgenden Kapiteln wird die **Perspektive des Primärforschers** eingenommen und damit der übergeordneten Frage nachgegangen, wie dieser unter den gegebenen Voraussetzungen mit seinen Daten agiert. Dieser Fokus erklärt sich daraus, dass in dem traditionell autonomen

Verständnis von Wissenschaft Forscher selbst die Entscheidung darüber treffen, was sie mit ihren Daten machen. Darüber hinaus hat sich in vorangegangenen Erhebungen gezeigt, dass es vor allem Einzelforscher sind, die bei der Offenlegung ihrer Daten verhalten agieren, wohingegen bei Großforschungsanlagen und Verbundforschungsprojekten durch den Austausch teilweise Erfolge erzielt wurden (z. B. die Entschlüsselung des menschlichen Genoms). Der Fokus auf den einzelnen Forscher erklärt sich somit auch aufgrund des bisher weitestgehend ungenutzten Potenzials des Forschungsdatenaustausches. Es stellt sich die Frage, wie ein Forscher angesichts der spezifischen Anreiz- und Hindernisstrukturen des akademischen Wissenschaftssystems mit seinen Daten agiert.

5 PERSPEKTIVE DES PRIMÄRFORSCHERS

5.1 METHODE: STANDARDISIERTE ONLINE-BEFRAGUNG

Im vorangegangen Kapitel stand der gesamte Prozess des Forschungsdatenaustausches im Fokus der Betrachtung. Bei diesem Systemblick wurde deutlich, dass der einzelne Forscher Teil eines komplexen Systems ist und die einfache Entscheidung, ob er seine Daten bereitstellt oder nicht vielen Einfluss- und Kontextfaktoren unterliegt. Das Erkenntnisinteresse dieses zweiten analytischen Kapitels ist es, eine Erklärung dafür zu finden, wie der einzelne Forscher angesichts der ihm gegebenen Voraussetzungen und in Bezug auf seine Daten agiert. Damit einher geht die Überprüfung des Forschungsproblems, wonach eine Diskrepanz zwischen dem sozialen und individuellen Nutzen des offenen Zugangs zu Daten besteht.

Da hier ein induktiv-exploratives Untersuchungsdesign gewählt wurde, werden erst in diesem zweiten analytischen Schritt Forschungsfragen gestellt und Hypothesen aufgestellt (siehe Abbildung 7).

© Springer Fachmedien Wiesbaden GmbH, ein Teil von Springer Nature 2018
B. Fecher, *Eine Reputationsökonomie*,
https://doi.org/10.1007/978-3-658-20895-0_5

SYSTEMBLICK AUF DEN DATENAUSTAUSCH

<table>
<tr><td>SYSTEMATIC
REVIEW</td><td>BEFRAGUNG VON
SEKUNDÄRDATENNUTZERN</td></tr>
</table>

──────────────────────── MODELL ────────────────────────

PERSPEKTIVE DES PRIMÄRFORSCHERS

Relevanz der einzelnen Akteure, Entitäten und Kontextbedingungen für den Datenaustausch aus Sicht des Primärforschers (siehe Kapitel 5.1)

FORSCHUNGSFRAGEN UND HYPOTHESEN (SIEHE KAPITEL 5.1)

MEINUNGSBILD, BEREITSTELLUNG UND NACHNUTZUNG

F1   Wie ist das Meinungsbild der Forscher zum offenen Zugang zu Daten?
F2   Mit wem teilen sie ihre Daten und unter welchen Bedingungen?
F3   Wofür nutzen sie Sekundärdaten? Welche Ansprüche haben sie an die Nachnutzung?

ANREIZE UND HINDERNISSE FÜR DIE BEREITSTELLUNG

F4   Wie bewerten Forscher diese Anreize und Hindernisse?

EINFLÜSSE AUF DAS BEREITSTELLUNGSVERHALTEN

H1 Soziodemographische Merkmale haben einen Einfluss.
H2 Persönlichkeitsmerkmale haben einen Einfluss.
H3 Der disziplinäre Hintergrund hat einen Einfluss.
H4 Wissen über Datenmanagement hat einen positiven Einfluss.

<table>
<tr><td>BEFRAGUNG VON PRIMÄRFORSCHERN
n = 1 563 Befragte</td></tr>
</table>

──────────────────────── ÜBERPRÜFUNG ────────────────────────

Überprüfung der Forschungsfragen und Hypothesen zum Bereitstellungsverhalten (siehe Kapitel 5.2)

Abbildung 7: Untersuchungsdesign (Forscherperspektive)

FORSCHUNGSFRAGEN UND HYPOTHESEN

Aufbauend auf den Ergebnissen der Systematic Review wurden Forschungsfragen formuliert und Hypothesen aufgestellt. Zur Kenntlichmachung, worauf diese begründen, werden bei den jeweiligen Frageblöcken Rückbezüge zu den entsprechenden Abschnitten verwendet.

1 Meinungsbild, Bereitstellung und Nachnutzung: Dieser Block dient der Überprüfung des Forschungsproblems, nämlich, dass Wissenschaftler den individuellen und sozialen Mehrwert des offenen Zugangs zu Forschungsdaten zwar erkennen, Daten aber nur selten offenlegen (siehe Abschnitt 4.3.6). Aus einem explorativen Interesse heraus wird hier zudem geprüft, ob und wofür Forscher Daten tatsächlich nutzen und was deren Ansprüche an die Nachnutzung von Daten sind. Es ergeben sich die Forschungsfragen:

F1: Wie ist das Meinungsbild der Forscher zum offenen Zugang zu Forschungsdaten?

F2: Mit wem teilen sie ihre Daten und unter welchen Bedingungen?

F3: Wofür nutzen sie Sekundärdaten? Welche Ansprüche haben sie an die Nachnutzung?

2 Anreize und Hindernisse: Wie in Abschnitt 4.4 dargelegt, entstehen für den Primärforscher Vor- und Nachteile durch die Offenlegung seiner Daten. Dieser Block dient der Priorisierung der Gründe für beziehungsweise gegen die Offenlegung von Forschungsdaten (siehe Abschnitt 5.2.2).

F4: Wie bewertet der Primärforscher Anreize und Hindernisse der Bereitstellung?

3 Einflüsse auf das Bereitstellungsverhalten: Einige Einflüsse auf das Bereitstellungsverhalten des Primärforschers wurden bisher nur selektiv für bestimmte Forschungsfelder überprüft, einige vermutet (z. B. Publikationspräferenzen, Persönlichkeit) oder hatten widersprüchliche Effektrichtungen.

Die Ergebnisse aus vorausgegangenen Studien für den Einfluss des Alters auf die Bereitstellung sind widersprüchlich (siehe Abschnitt 4.3.1). Der Einfluss des Geschlechts wurde bisher noch nicht überprüft. Aufgrund unzureichender theoretischer Überlegungen und mangelnder empirischer Erkenntnisse ergibt sich die ungerichtete Hypothese:

H1: Soziodemografische Merkmale (Alter und Geschlecht) haben einen Einfluss auf das Datenbereitstellungsverhalten.

In vorangegangenen Arbeiten wurden Einflüsse der Persönlichkeit eines Forschers auf seinen Umgang mit Daten vermutet, allerdings nie überprüft. In der Sekundärdatennutzerbefragung konnte bei der Abfrage der Big 5 zumindest ein positiver Einfluss des Merkmals *Offenheit* auf das Bereitstellungsverhalten entdeckt werden (siehe Abschnitt 4.3.1). Die Überprüfung anhand einer breiteren Stichprobe steht aus. Es ergibt sich die ungerichtete Hypothese:

H2: Die Persönlichkeit eines Forschers hat Einfluss auf sein Datenbereitstellungsverhalten.

Es gibt disziplinär heterogene Datenerhebungs- und Auswertungspraktiken und unterschiedliche Vorstellungen darüber, was Forschungsdaten sind. Entsprechend ist zu vermuten, dass der disziplinäre Hintergrund eines Forschers einen Einfluss seinen Umgang mit Daten hat; dies wurde bisher allerdings nicht überprüft (siehe Abschnitt 4.3.3). Es ergibt sich die ungerichtete Hypothese:

> **H3:** Der disziplinäre Hintergrund eines Forschers hat einen Einfluss auf sein Datenbereitstellungsverhalten.

Die Datendokumentation und –Bereitstellung erfordert Datenmanagementkenntnisse. Der Einfluss von Datenmanagementkenntnisse wurde bislang nicht überprüft. Es ergibt sich die gerichtete Hypothese:

> **H4:** Das Wissen darüber, wie und wo Forschungsdaten bereitgestellt werden können, hat einen positiven Einfluss auf das Bereitstellungsverhalten.

Ein Zusammenhang zwischen dem Publikationspräferenzen und dem Bereitstellungsverhalten scheint naheliegend (siehe Abschnitt 4.3.1), wurde bisher allerdings nicht überprüft.

> **H5:** Die Publikationspräferenzen eines Forschers haben einen Einfluss auf sein Bereitstellungsverhalten. Es ist wahrscheinlich, dass Forscher, denen Renommee bei der Ergebnispublikation wichtig ist, verhaltener als andere Forscher teilen.

Daten entspringen heterogenen Erhebungs- und Analysekontexten (siehe Abschnitt 4.3.3). Es ist anzunehmen, dass die Art der Daten mit denen der Primärforscher arbeitet, sein Bereitstellungsverhalten beeinflusst.

H6: Die Art der Daten hat einen Einfluss auf das Datenbereitstellungsverhalten. Es ist wahrscheinlich, dass am ehesten strukturierte Daten, sensible Daten dagegen nur zögerlich bereitgestellt werden.

METHODISCHE EINSCHRÄNKUNGEN

Zur Beantwortung der Forschungsfragen und zur Überprüfung der Hypothesen (siehe Abschnitt 5.1) wurde eine standardisierte Online-Befragung mit Wissenschaftlern durchgeführt. Von einer standardisierten Befragung spricht man, wenn die Fragen, deren Abfolge sowie die Antwortvorgaben festgelegt und für alle Befragten gleich sind (Jackob et al. 2009). Der Vorteil einer Online-Erhebung liegt im geringeren Erhebungsaufwand gegenüber einer persönlichen, schriftlichen Befragung (Bandilla 1999). Die Antworten werden automatisch und strukturiert gespeichert, was das händische Aufbauen einer Datenbank erspart (von Taddicken 2009; Funke und Reips 2007). Zu dieser Erhebungsmethode gehört auch, dass zwar verschiedene Themen vergleichend behandelt werden können; tiefergehende Analysen, hier zum Beispiel über den Forschungsdatenaustausch in Teildisziplinen oder spezifische rechtliche und technische Fragestellungen, nur am Rande untersucht werden können. Die Befragung erfolgte online durch Selbstrekrutierung (sog. *Convenience Sample*), das heißt, dass sie nicht repräsentativ für die Gesamtheit der Wissenschaftler in Deutschland ist (siehe hierzu auch Blasius und Brandt 2009). Eine Aufschlüsselung der Gesamtheit der Wissenschaftler in Deutschland nach Disziplin liegt, nach Kenntnis des Autors, nicht vor, was eine Definition relevanter Merkmale der Grundgesamtheit und damit eine repräsentative Erhebung erschwert.

Weiterhin können in einer disziplinübergreifenden Befragung nicht alle disziplinspezifischen Sachverhalte überprüft werden. Einige eignen sich schlichtweg nicht für eine Befragung (insbesondere harte technische Faktoren oder spezifische rechtliche Fragestellungen); andere können in Abwägung mit der Nutzerfreundlichkeit des Fragebogens nur verknappt behandelt oder müssen ausgelassen werden.

FRAGEBOGENINSTRUMENT

Das Instrument beinhaltet weitestgehend geschlossene Multiple-Choice und Rating-Skalen und besteht aus fünf Fragemodulen, die die Forschungsfragen und Hypothesen abbilden (siehe Tabelle 16). Die Reihenfolge der Fragen wurde aus Gründen der Nutzerfreundlichkeit gewählt und spiegelt nicht die Ergebnispräsentation wieder.

Modul 1 behandelt den Arbeitskontext des Primärforschers. Die Multiple-Choice-Frage nach dem beruflichen Status – unterschieden nach Student, Doktorand, Wissenschaftler ohne Promotion, Wissenschaftler mit Promotion und Professor – dient zur bivariaten Analyse der zu den Forschungsfragen korrespondierenden Variablen und soll Aufschluss über mögliche Unterschiede bezüglich des Status der Befragten liefern.

Modul	Themenblöcke
Arbeitskontext	Beruflicher Status, Arbeitgeber
Forschungspraxis und Umgang mit Forschungsdaten	Disziplinärer Hintergrund, Aufwand der Datenerhebung/-aufbereitung, Publikationspräferenzen, Datentypen

Forschungsdatenaustausch	Anreize und Hindernisse, Rahmenbedingungen des Datenteilens, Einstellungen und Meinungen
Sekundärdatennutzung	Verwendung von Sekundärdaten, Präferenzen beim Sekundärdatengebrauch
Soziodemografische Faktoren und Persönlichkeitsfaktoren	Soziodemografische Merkmale, Persönlichkeitsfaktoren

Tabelle 16: Fragebogenaufbau

Modul 2 behandelt die Forschungspraxis und den Umgang mit Forschungsdaten. Die Abfrage des disziplinären Hintergrunds orientiert sich an der Fächerübersicht des Statistischen Bundesamts (destatis 2015). Bei der Abfrage der Publikationspräferenzen wird zwischen Open Access, Schnellem Veröffentlichen und Renommee unterschieden. Bei der Abfrage der vorrangigen Datentypen wird zwischen strukturiert, unstrukturiert und sensibel unterschieden.

Modul 3 behandelt Rahmenbedingungen der Bereitstellung. Das Fragemodul dient unter anderem der Abfrage des Meinungsbildes der Forscher sowie zur Überprüfung des Forschungsproblems. Hier werden weiterhin die Anreize und Hindernisse für Bereitstellung aus Abschnitt 4.4 abgefragt.

Modul 4 behandelt die Nachnutzung von Daten. Dieses Modul wurde auch aus einem explorativen Interesse erhoben, da bislang kaum empirische Kenntnisse über die Nachnutzung von Sekundärdaten vorliegen.

Modul 5 behandelt die Persönlichkeitsmerkmale. Die Abfrage beruht auf dem Big-5-Ansatz von Costa und McCrae (2008) und den von ihnen aufgestellten Persönlichkeitsskalen, die in Tabelle 17 festgehalten sind. Im Fragebogen fand die 16-Item Variante nach Richter et al. (2013) Verwendung, die auch im SOEP verwendet wird und damit empirisch erprobt ist.

Persönlichkeits-merkmale	Geringe Ausprägung	Starke Ausprägung
Neurozentrismus	Selbstsicher, ruhig	Emotional, verletzlich, nervös
Extraversion	Zurückhaltend, reserviert	Gesellig, kommunikativ, kontaktfreudig
Offenheit	Konsistent, vorsichtig	Erfinderisch, neugierig, fantasievoll
Gewissenhaftigkeit	Unbekümmert, nachlässig	Effektiv, organisiert, selbstdiszipliniert
Verträglichkeit	Kompetitiv, misstrauisch	Kooperativ, freundlich, mitfühlend

Tabelle 17: Persönlichkeitsmerkmale (in Anlehnung an McCrae und Costa 2008)

DURCHFÜHRUNG DER BEFRAGUNG

Die Befragung wurde im Rahmen des *Leibniz Forschungsverbund Science 2.0*, unter Beteiligung des *Deutschen Institut für Wirtschaftsforschung*

(DIW Berlin)[59], des *Alexander von Humboldt Institut für Internet und Gesellschaft* (HIIG) und der *Deutschen Zentralbibliothek für Wirtschaftswissenschaften* (ZBW) von Oktober bis November 2014 durchgeführt.

Zur Überprüfung von Verständlichkeit, Handhabbarkeit und Nutzerfreundlichkeit des Fragebogens wurden im Vorfeld zwei **Pretests** durchgeführt (Prüfer und Rexroth 1996):

1 Ein Pretest mit thematischen Experten zur Angemessenheit der Fragen und zum Fragebogendesign.

2 Ein Pretest mit Forscherkollegen zur Verständlichkeit der Fragen.

Basierend auf dem Experten-Pretest (z. B. Personen die im Forschungsdatenmanagement arbeiten) wurden Begrifflichkeiten angepasst und vereinfacht. Beruhend auf dem Pretest mit anderen Forschern wurden Antwortkategorien bei einigen Fragen geändert (z. B. 5er statt 11er Likert-Skalen), eine zusätzliche „Weiß nicht"-Kategorie hinzugefügt und Fragen gekürzt, so dass die Dauer der Bearbeitung 15 Minuten nicht überschreitet. Spezifische Fragen zu rechtlichen und technischen Aspekten der Bereitstellung wurden aus Gründen der Verständlichkeit gestrichen.

---

[59] Hier sei dankend die Abteilung Forschungsinfrastruktur des DIW Berlin erwähnt, die den Fragebogen verwaltet hat.

Zur Verteilung wurde eine Strategie gewählt, die sich auf zwei Säulen stützt:

1 Die breite Streuung mittels Verteilung in Mailinglisten, institutionellen Emailverteilern und Webseiten sowie
2 die gezielte Verteilung bei Universitäten, Hochschulen und Forschungsinstituten.

Zur breiten Streuung wurden der deutsche und englische Fragebogen auf der eigenen Projektwebseite des Forschungsverbundes *Leibniz Science 2.0* und den Webseiten des *Rats für Sozial- und Wirtschaftsdaten* sowie des *HIIG* verlinkt. Der Fragebogen wurde auch über die Newsletter des SOEP, des HIIG, der *ZBW*, der *International Association for Social Science Information Services & Technology* (IASSIST) sowie der *Data Documentation Initiative* (DDI) versendet. Darüber hinaus wurde der Fragebogen über die Social-Media-Kanäle (Twitter und Facebook) der beteiligten Institute beworben.

Zur gezielten Verteilung wurden die 20 größten, 20 mittlere und die 20 kleinsten Universitäten und Hochschulen in Deutschland anhand der Anzahl der Studierenden identifiziert. Die Dekane der einzelnen Fakultäten jeder Universität und Hochschule im Sample wurden in drei Wellen persönlich angeschrieben und um die Verteilung an ihrer Fakultät gebeten. Gleichermaßen wurden je ein Forschungsdirektor jedes Instituts der vier größten deutschen Forschungsverbünde, der *Max-Planck-Gesellschaft*, der *Leibniz-Gemeinschaft, der Helmholtz-Gemeinschaft* und der *Fraunhofer-Gesellschaft* persönlich um die Verteilung gebeten. Zur persönlichen Ansprache wurde ein eigener Projekt-Mailaccount unter dem Namen des Projektleiters eingerichtet, eine Datenbank mit den Dekanen und Forschungsdirektoren erstellt und personalisierte Emails versendet. Die verwendeten Adressen sind auf den Webseiten der Universitäten, Hochschulen und Institute einsehbar.

DATENANALYSE

Es kamen einfache deskriptive Analysen und zwei Regressionsmodelle zur Anwendung.[60]

Die deskriptive Analyse (uni- und bivariat) dient der Verdichtung und Darstellung der erhobenen Daten. Dabei werden die mit den Forschungsfragen korrespondierenden Variablen sowohl univariat als auch bivariat im Zusammenhang mit dem disziplinären Hintergrund[61], dem berufli-

---

[60] Die dem Ergebnis zugrundeliegenden Daten stehen der wissenschaftlichen Gemeinschaft auf Github zur Verfügung ://dx.doi.org/10.5684/dsa-03 und https://github.com/data-sharing/persistent/tree/master/dsa-03/

[61] Das sind a) Humanmedizin/Gesundheitswissenschaften, b) Mathematik und Naturwissenschaften, c) Ingenieurswissenschaften, d) Wirtschafts- und Sozialwissenschaften, e) Sprach- und Kulturwissenschaften, f) Kunst- und Kulturwissenschaften, g) Agrar- und Ernährungswissenschaften, h) Sportwissenschaft und i) Veterinärmedizin. Aufgrund der geringen Zahl der Antworten wurden h) und i) nicht weiter berücksichtigt. Die Antworten e) und f) wurden zu der Kategorie „Kultur- und Geisteswissenschaften" fusioniert. Die Fächergruppe „Mathematik und Naturwissenschaften" wird in der Verschriftlichung als „Naturwissenschaften" bezeichnet. Die Sportwissenschaftler wurden aufgrund zu geringer Teilnahmerzahlen gestrichen.

chen Status[62], dem Geschlecht und dem Arbeitgeber betrachtet. Die deskriptiven Analysen dienen vorrangig der Beantwortung der Forschungsfragen 1 und 2.

Die Regressionsanalysen dienen dazu, die in Abschnitt 5.1 aufgestellten Hypothesen zu den Einflüssen auf das Bereitstellungsverhalten zu überprüfen. Das Bereitstellungsverhalten wird hier als a) die generelle Bereitschaft und b) die tatsächliche Erfahrung, Daten mit einer breiten Öffentlichkeit zu teilen operationalisiert. Zum Zweck der Hypothesenüberprüfung wurden zwei binomiale logistische Regressionen mit zwei abhängigen Variablen (AV) berechnet. Das erste Modell nutzt die AV *Bereitschaft, Daten mit einer breiten Öffentlichkeit zu teilen.* Das zweite Modell nutzt die AV *Erfahrung, Daten mit einer breiten Öffentlichkeit zu teilen.* Die Begründung der Wahl dieser beiden Variablen liegt einerseits darin, dass speziell die Offenlegung von Daten für das Untersuchungsinteresse relevant ist und andererseits dass die generelle Bereitschaft zur Offenlegung vom tatsächlichen Verhalten abweichen kann.

Die erste AV, die *Bereitschaft, Daten mit einer breiten Öffentlichkeit zu teilen,* leitet sich von der Item-Batterie „Mit wem wären Sie bereit, Ihre Daten zu teilen?"[63] ab und umfasst alle, die ihre Daten mit allen nicht-

---

[62] Das sind a) Studenten, b) Doktoranden, c) Wissenschaftler ohne Promotion, d) promovierte Wissenschaftler, e) Professoren

[63] Alle Antwortkategorien: a) Ja, mit Forschenden, die ich persönlich kenne, b) Ja, mit Forschenden innerhalb meines Instituts/meiner Organisation, c) Ja, mit Forschenden, die an einem ähnlichen Thema arbeiten, d) Ja, mit allen nicht-kommerziell Forschenden, e) Ja, mit der breiten Öffentlichkeit, f) Nein

kommerziellen Forschern und mit der breiten Öffentlichkeit teilen würden. Die zweite AV, die *Erfahrung, Daten mit einer breiten Öffentlichkeit zu teilen*, bezeichnet die tatsächliche Erfahrung, Daten mit einer breiten Öffentlichkeit zu teilen. Sie leitet sich aus der Frage „Haben Sie selbst schon einmal Forschungsdaten geteilt?" ab, die die gleichen Antwortkategorien hat, wie die Frage nach der Bereitschaft, Daten zu teilen.

Die unabhängigen Variablen sind den Hypothesen entsprechend in fünf Kategorien aufgeteilt:

1   Soziodemografische Faktoren (Alter, Geschlecht)
2   Persönlichkeitsmerkmale (Big 5),
3   Wissen (Wissen, wo und wie Daten bereitgestellt werden können und das Wissen über relevante Sekundärdatenquellen),
4   Disziplin,
5   Publikationspräferenzen (Open Access, Reputation, schnelles Publizieren) und
6   Art der Daten (standardisiert, nicht-standardisiert, sensibel).

SAMPLEBESCHREIBUNG

2661 Personen öffneten die Befragung, aber nicht alle beendeten sie. Es wurden Teilnehmer aussortiert, die keine Fragen über ihren beruflichen Status, Arbeitnehmer oder Disziplin beantworteten, ebenso Fragebögen, bei denen weniger als 20 Prozent der Fragen beantwortet waren. Das Sample besteht aus 1564 validen Antworten, was 59 Prozent aller Befragten entspricht, die den Fragebogen begonnen haben.

88 Prozent der Befragten arbeiten an deutschen Forschungseinrichtungen, 12 Prozent an Forschungseinrichtungen in anderen Ländern. Das Durchschnittsalter der Befragten liegt bei 38 Jahren. 57 Prozent der Befragten sind Wissenschaftler und 43 Prozent Wissenschaftlerinnen. Es lassen sich disziplintypische Unterschiede beim Geschlecht erkennen; z. B. sind 77 Prozent der Befragten aus den Ingenieurswissenschaften männlich. 41 Prozent der Befragten sind promoviert. 20 Prozent der Befragten besitzen eine Professur. 38 Prozent der Befragten sind Doktoranden oder Forscher ohne Promotion. Die größte Disziplinengruppe bilden die Naturwissenschaften mit 33 Prozent der Befragten, gefolgt von Befragten aus den Sozial- und Wirtschaftswissenschaften mit 31 Prozent. Insgesamt sind 57 Prozent der Befragten männlich, 43 Prozent weiblich. Abbildung 8 zeigt die Verteilung der Stichprobe anhand des beruflichen Status und des disziplinären Hintergrunds.

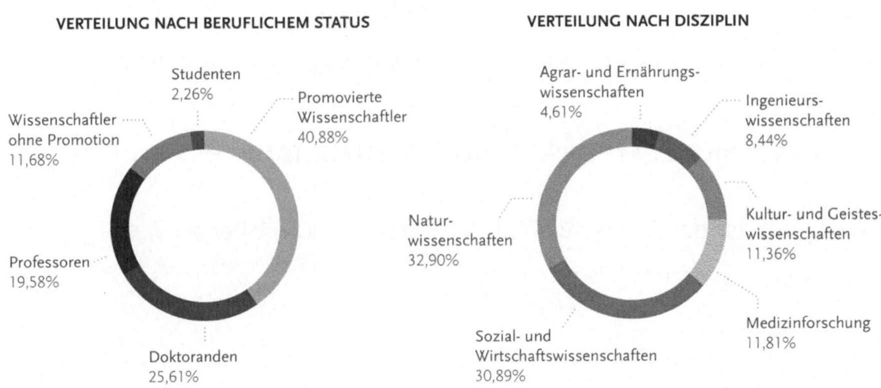

Abbildung 8: Stichprobe der Befragung

5.2　ERGEBNISSE ZUR BEREITSTELLUNG UND NACHNUTZUNG VON DATEN

Es ist die implizite Annahme dieser Arbeit, dass der Forschungsdatenaustausch einen positiven Effekt auf den wissenschaftlichen Fortschritt hat und dass Forscher nur selten Daten offenlegen. In diesem Kapitel wird daher überprüft, ob es tatsächlich disziplinübergreifend eine verhaltene Kultur der Offenlegung gibt (Abschnitt 5.2.1) und wenn ja, was diesen erklärt (Abschnitte 5.2.2 und 5.2.3)

5.2.1　MEINUNGSBILD, BEREITSTELLUNG UND NACHNUTZUNG

In diesem Abschnitt wird das Forschungsproblem aus Perspektive des Primärforschers überprüft. Die Leitfrage lautet: Erkennen Forscher einen individuellen und sozialen Mehrwert im offenen Zugang zu Forschungsdaten und teilen trotzdem keine Daten? Da ohne Abgleich mit den tatsächlichen Nutzeransprüchen die Offenlegung von Daten ein reiner Selbstzweck ist, wird hier auch die Nachnutzung von Daten behandelt.

MEINUNGSBILD ZUM FORSCHUNGSDATENAUSTAUSCH

F1: Wie ist das Meinungsbild der Forscher zum offenen Zugang zu Forschungsdaten?

Es lässt sich festhalten, dass die befragten Forscher der Bereitstellung von Forschungsdaten positiv gegenüber stehen.[64] **Disziplinübergreifend stimmen 76 Prozent der Befragten der Aussage zu, dass Forscher grundsätzlich ihre Daten teilen sollten.** In der Bereitstellung sehen sie weniger Nachteile als Vorteile. Nur 17 Prozent der Befragten stimmen zu, dass die Bereitstellung ihrer Daten ihnen mehr Nach- als Vorteile bringt; 62 Prozent der Befragten lehnen diese Aussage ab. Lediglich 12 Prozent der Befragten stimmen zu, dass es sie von einer Publikation anhält, wenn ein Journal die Veröffentlichung von Daten verlangt. Ein Großteil der Befragten erkennt im offenen Zugang zu Forschungsdaten einen wesentlichen Betrag zum wissenschaftlichen Fortschritt, wie Abbildung 9 zeigt.

Mit Blick auf das Geschlecht gibt es bemerkenswerte Unterschiede. 80 Prozent der befragten Männer, aber nur 70 Prozent der befragten Frauen stimmen der Aussage zu, dass Forscher grundsätzlich ihre Forschungsdaten teilen sollten (siehe Anhang A.2). 16 Prozent der Frauen schreckt es ab, wenn ein Journal die Offenlegung von Daten verlangt, aber nur 10 Prozent der Männer (siehe Anhang A.3). Mit Blick auf den beruflichen Status lassen sich keine nennenswerte Unterschiede erkennen (siehe Anhang A.4).

---

[64] Die jeweils beiden zustimmenden (z. B. trifft voll und ganz zu, trifft zu) und die beiden ablehnenden Antwortkategorien (z. B. trifft ganz und gar nicht zu, trifft nicht zu) werden als Zustimmung beziehungsweise Ablehnung zusammengefasst.

Inwieweit treffen folgende Statements auf Sie zu?

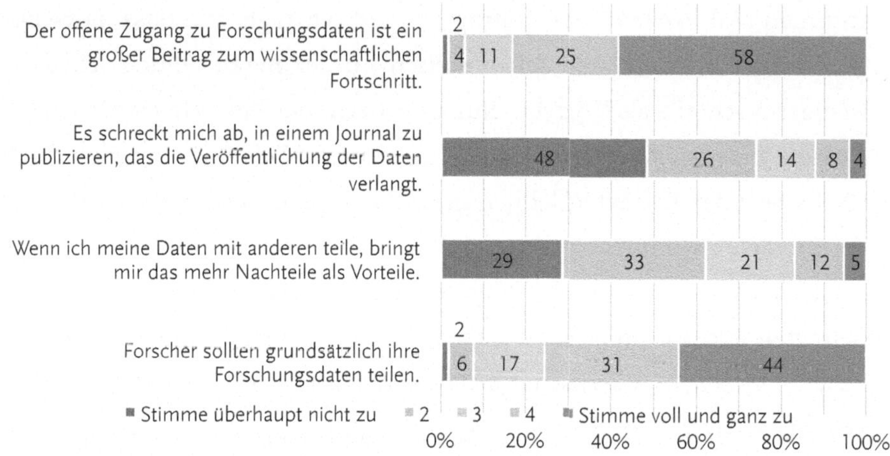

Abbildung 9: Meinungsbild zum Forschungsdatenaustausch

AKTUELLER STAND DER BEREITSTELLUNG

F2: Mit wem teilen sie ihre Daten und unter welchen Bedingungen?

In Anbetracht des positiven Meinungsbildes über den Forschungsdatenaustausch stellt sich die Frage, ob und in welcher Form Forscher ihre Daten tatsächlich offenlegen. Hierzu zeigen die Ergebnisse der Befragung, dass Forscher zwar Daten teilen, aber selten öffentlich. **58 Prozent der Befragten geben an, dass sie bereits Daten mit Wissenschaftlern geteilt haben, die sie persönlich kennen. Allerdings haben nur 13 Prozent der befragten Forscher ihre Daten in der Vergangenheit offengelegt.** 16 Prozent geben an, dass sie noch nie Daten mit anderen Forschern geteilt haben.

Im disziplinären Vergleich sind ebenfalls Variationen in den Antworten zu erkennen. 28 Prozent der Sozial- und Wirtschaftswissenschaftler geben an, dass sie noch nie Daten geteilt haben, im Vergleich zu 9 Prozent der Naturwissenschaftler und 8 Prozent der Agrarforscher. 19 Prozent der Geisteswissenschaftler haben Daten offengelegt, aber nur 8 Prozent der Medizinforscher (siehe Anhang). Weiterhin lässt sich hier ein bemerkenswerter Geschlechtsunterschied im Umgang mit Forschungsdaten erkennen, der in Abschnitt 5.2.3 näher beleuchtet wird. 9 Prozent der Wissenschaftlerinnen haben bereits Daten offengelegt und 18 Prozent der Wissenschaftler (siehe Anhang A.7). Der Status der Befragten liefert keine überraschenden Aufschlüsse. Mehr Professoren als Doktoranden haben Daten geteilt, was sich mit der längeren Erfahrung von Professoren in der Forschung erklären lässt (siehe Anhang A.8).

Der Eindruck, dass Forscher zwar dazu bereit sind, Daten zu teilen, allerdings nicht mit der breiten Öffentlichkeit, verfestigt sich bei der Betrachung der Antworten auf die Frage, unter welchen Bedingungen sie dazu bereit wären, Forschungsdaten zu teilen (siehe Abbildung 10).

Unter welchen Bedingungen würden Sie ihre Daten teilen?

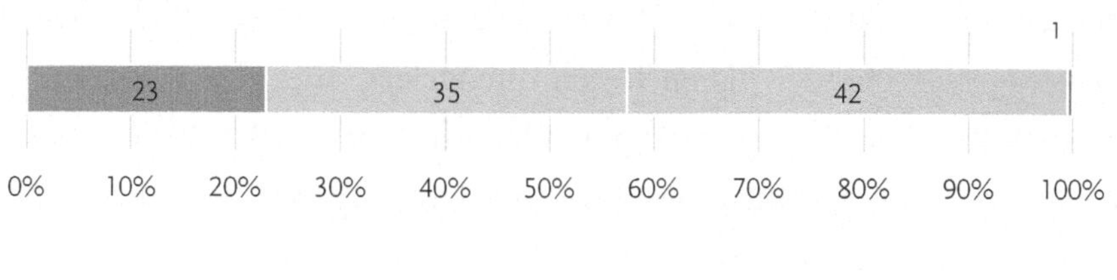

Abbildung 10: Unter welchen Bedinungen würden Sie ihre Daten teilen?

Nicht mal 1 Prozent würden Daten unter keinen Umständen teilen. 77 Prozent der Befragten würden unter einer Zugangsbeschränkung, in Form einer Anfrage (35 Prozent) oder einer Nutzungsabsprache (42 Prozent), Forschungsdaten bereitstellen.

31 Prozent der befragten Männer würden Daten uneingeschränkt teilen, aber nur 12 Prozent der befragten Frauen (siehe Anhang A.7). 28 Prozent der Befragten aus der Mathematik und Naturwissenschaften und 31 Prozent aus den Geistes- und Kulturwissenschaften würden Forschungsdaten uneingeschränkt bereitstellen, aber nur 15 Prozent der Ingenieurswissenschaftler und 11 Prozent der Medizinforscher (siehe Anhang A.10).

Aufschluss über die disziplinäre Praxis gibt die Bewertung des Statements „In meiner Disziplin/Forschungscommunity ist es üblich, dass man Forschungsdaten teilt". Disziplinübergreifend stimmen dem 36 Prozent der Befragten zu. Auch hier gibt es disziplinäre Unterschied: 48 Prozent der Sozial- und Wirtschaftswissenschaftler stimmen der Aussage zu, aber nur 26 Prozent der Naturwissenschaftler (siehe Anhang A.11).

NUTZUNG VON SEKUNDÄRDATEN

Aus einem explorativen Interesse wurden Nachnutzungsmotive und -ansprüche abgefragt. Denn ohne ein Abgleich des eigentlichen Bedarfs an Daten, ist die Offenlegung ein Selbstzweck ohne Effekt, wie auch Peters et al. (2016) zeigen konnten.

F3: Wofür nutzen sie Sekundärdaten? Welche Ansprüche haben sie an die Nachnutzung?

Die Mehrheit der befragten Forscher hat mit Sekundärdaten gearbeitet (69 Prozent). Am verbreitesten ist die Sekundärdatennutzung in den Sozial- und Wirtschaftswissenschaftlern: 78 Prozent der Wissenschaftler aus dieser Disziplingruppe hat bereits mit Sekundärdaten gearbeitet. Zum Vergleich: 58 Prozent der Agrarforscher geben an, dass Sie mit Sekundärdaten gearbeitet haben (siehe Anhang A.32). Die Befragten würden Sekundärdaten vorrangig für eigene Forschungsfragen verwenden. 88 Prozent der Forscher geben an, dass sie Sekundärdaten für neue Fragestellungen verwenden würden und 47 Prozent für die Überprüfung von Forschungsergebnissen (siehe Abbildung 11).

Hier sind zudem interessante disziplinäre Variationen zu erkennen: Am stärksten wollen Sozial- und Wirtschaftswissenschaftler Daten für neue Forschungsfragen nutzen (95 Prozent; siehe A.33). Gleichzeitig sind Sozial- und Wirtschaftswissenschaftler die Gruppe die am wenigsten

Sekundärdaten für die Überprüfung von Ergebnissen verwenden würden (36 Prozent). Zum Vergleich: Immerhin 64 Prozent der Medizinforscher geben an, Sekundärdaten zur Überprüfung und für Replikationen verwenden zu wollen (siehe Anhang A.34). Im Hinblick auf den Status und das Geschlecht gibt es keine nennenswerten Unterschiede.

Wofür möchten Sie Sekundärdaten verwenden?

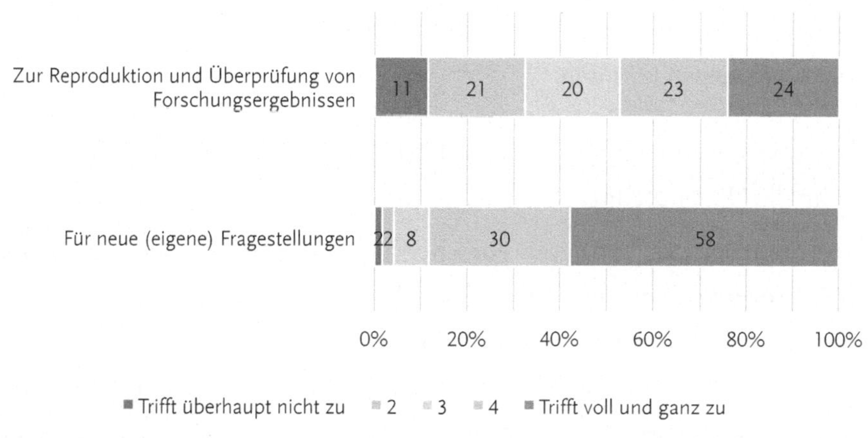

Abbildung 11: Verwendung von Sekundärdaten

Abbildung 12 zeigt welche Zusatzinformationen Forschern wichtig sind. Wenn Forscher Sekundärdaten nutzen wollen, ist die lückenlose Datendokumentation am wichtigsten. Das Item mit der größten Zustimmung ist die Beschreibung von Daten und ihrer Entstehung (94 Prozent), gefolgt von Informationen über den Herausgeber (69 Prozent). Aufbereitungsskripte und Programmcode werden am niedrigsten bewertet (32 Prozent).

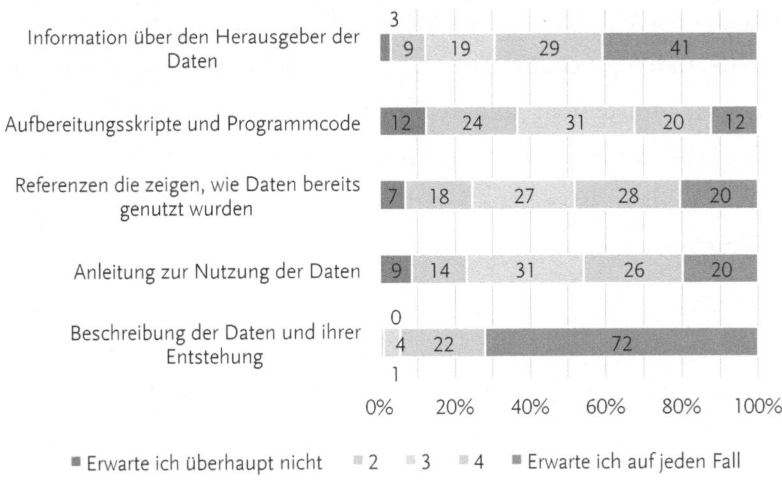

Abbildung 12: Gewünschte Zusatzinformationen

Es lassen sich disziplinäre Unterschiede erkennen: 56 Prozent der Medizinforscher erwarten eine Anleitung zur Nutzung der Daten, aber nur 36 Prozent der Geistes- und Kulturwissenschaftler (siehe Anhang A.35). Referenzen über die Nutzung der Daten werden von 59 Prozent der Medizinforscher, aber nur von 38 Prozent der Sozial- und Wirtschaftswissenschaftler erwartet (siehe Anhang A.36). Aufbereitungsskripte und Programmcode werden von 41 Prozent der Agrarwissenschaftler aber nur von 25 Prozent der Ingenieurswissenschaftler erwartet (siehe Anhang A.37). Bezüglich des Geschlechts und des Status gibt es keine nennenswerten Unterschiede.

Generell lässt sich erkennen, dass die Datendokumentation wichtigste Anforderung an die Nutzung von Sekundärdaten ist. Womöglich lässt sich der stärkere Fokus auf die Datendokumentation in den Naturwissenschaften, der Medizinforschung und der Agrarforschung im Vergleich zu den Sozial- und Wirtschaftswissenschaftlern und Geistes- und Kulturwissenschaftlern mit einem anderen Verständnis von Objektivität und Reproduzierbarkeit in den erstgenannten Disziplinen erklären. Bemerkenswert ist, dass Forscher Daten anderer vorrangig für neue Forschungsfragen verwenden möchten.[65]

---

[65] Aus einem explorativen Interesse heraus wurde analog zu den Regressionsmodellen aus Abschnitt 5.2.3 eine Regression mit der abhängigen Variable Sekundärdatennutzung und gleichbleibenden unabhängigen Variablen gerechnet (siehe Anhang A.38); allerdings mit geringem Erkenntnisgewinn..

FAZIT: DISKREPANZ ZWISCHEN DEM MEINUNGSBILD UND DEM STATUS QUO

Zwar erkennen Wissenschaftler den Vorteil des offenen Zugangs zu Forschungsdaten für das Wissenschaftssystem als Ganzes und auch für ihre eigene Forschung; sie legen allerdings selten ihre Daten offen. Das Forschungsproblem ist bestätigt.

Als Antwort auf Forschungsfrage 1 lässt sich festhalten, dass Wissenschaftler dem offenen Zugang zu Forschungsdaten positiv gegenüberstehen. Der in Kapitel 3 thematisierte Nutzen des offenen Zugangs zu Forschungsdaten für den wissenschaftlichen Fortschritt wird auch von den befragten Forschern erkannt. Bemerkenswert ist, dass Wissenschaftler der Offenlegung ihrer Daten bei der Publikation von Ergebnissen in einem Journal nicht entgegenstehen.

Die Mehrheit der befragten Forscher hat nach eigenen Angaben bereits Forschungsdaten mit anderen Forschern geteilt (Forschungsfrage 2). Die Ergebnisse legen insofern ein **selektives Bereitstellungsverhalten** nahe.

Zudem lässt sich eine Diskrepanz zwischen den Forschern, die ihre Daten offenlegen würden (23 Prozent) und denen, die es tatsächlich getan haben (13 Prozent), erkennen. Diese Diskrepanz (und überhaupt die geringe Anzahl der Personen, die bereits Daten bereitgestellt hat) motiviert im Weiteren die Frage, was aus Sicht des Primärforschers die Offenlegung begründet oder ihr entgegensteht (siehe Abschnitt 5.2.2).

Die Ergebnisse zu den Disziplinen sprechen für eine gering ausgeprägte Bereitstellungskultur in den Sozial– und Wirtschaftswissenschaften (28

Prozent haben noch nie Daten geteilt; nur 9 Prozent haben jemals Daten offengelegt) und einem selektiven Austauschverhalten in der Medizinforschung und den Ingenieurswissenschaften, wo wenige Forscher Daten offengelegen, aber viele mit anderen Forschern geteilt haben, die sie persönlich kennen. Das selektive Austauschverhalten in der Medizinforschung und in den Ingenieurswissenschaften lässt sich möglicherweise mit der Natur der Daten erklären, mit denen diese Disziplinen vorrangig arbeiten (Patientendaten, proprietäre Daten, kommerziell verwertbare Daten; siehe Abschnitt 4.3.4). Die erheblichen Unterschiede zwischen Männern und Frauen beim Umgang mit Forschungsdaten werden in Abschnitt 5.2.3 näher behandelt.

Vergleichsweise viele Forscher nutzen Sekundärdaten. Sekundärdaten werden in erster Linie für neue Fragestellungen verwendet, und nicht für die Überprüfung von publizierten Ergebnissen. Es zeigen sich disziplinäre Unterschiede, die nahelegen, dass in den Sozial- und Wirtschaftswissenschaften ein hohes Interesse an der Nutzung von Sekundärdaten für neue Fragestellungen, aber ein geringes Interesse an Replikationsstudien, besteht. Das deutet darauf hin, dass in den Sozial- und Wirtschaftswissenschaften der organisierte Skeptizismus – im Sinne Mertons Normen (1942) – nicht systematisch stattfindet. Sozial- und Wirtschaftswissenschaftler sind dagegen auf der Suche nach eigenen „Sensationen" – die Überprüfung vorhandenen Wissens ist für sie sekundär.

Bei der Nachnutzung ist Forschern die Datendokumentation am wichtigsten. Es zeigt sich, dass vor allem Forscher, die mit strukturierten Daten arbeiten, eher Sekundärdaten nutzen; was auch im Einklang mit dem Ergebnis steht, dass Forscher, die mit strukturierten Daten arbeiten, eher Daten offenlegen (siehe Abschnitt 5.2.3). Hier wurde allerdings nicht abgefragt, ob die Datenquelle für Sekundärdaten eine Einzelperson oder ein Institut ist, das Daten als Serviceleistung anbietet (z. B. das DIW mit den SOEP-Daten). Eine Aufschlüsselung dahingehend empfiehlt sich für Folgeuntersuchungen.

5.2.2 ANREIZE UND HINDERNISSE FÜR DIE BEREITSTELLUNG

Obgleich Forscher dem offenen Zugang zu Forschungsdaten positiv gegenüberstehen und einen Nutzen für die eigene Arbeit und für den wissenschaftlichen Fortschritt erkennen, stellen nur wenige Forscher ihre Forschungsdaten offen bereit. Um zu erfahren, was sie davon abhält oder was sie dazu motivieren könnte, wurden die Anreize und Hindernisse aus der Systematic Review in Bewertungsfragen übertragen.

ANREIZE FÜR DIE BEREITSTELLUNG

F4: Wie bewertet der Primärforscher diese Anreize und Hindernisse?

Bei der Einschätzung der Anreize lässt sich feststellen, dass insbesondere Reputationserwägungen bei der Bereitstellung eine Rolle spielen: Das Item mit der größten Zustimmung unter den Befragten bezieht sich auf die Anerkennung für die Bereitstellung. 79 Prozent der Befragten geben an, dass sie ihre Daten nur dann bereitstellen würden, wenn sie in Publikationen, die ihre Daten verwenden, zitiert werden. Der disziplinübergreifend zweitwichtigste Anreiz bezieht sich auf die eigenen Publikationserwägungen: 78 Prozent der Befragten stimmen der Aussage zu, dass sie ihre Daten nur dann bereitstellen würden, wenn sie zuvor genügend Zeit für eigene Ergebnispublikationen hatten (siehe Abbildung 13).

Die Ergebnisse legen einerseits nahe, dass bei der Bereitstellung von Daten Reputationserwägungen eine Rolle spielen und dass Daten als Zwischenprodukt für Artikel denn als ein eigenes Forschungsprodukt betrachtet werden. Der drittwichtigste Anreiz für die befragten Forscher ist die Unterstützung durch den Arbeitgeber mit 60 Prozent. Hieraus lässt sich allerdings nicht ableiten, dass der Arbeitgeber – also eine wissenschaftliche Einrichtung – die Offenlegung der im Haus gewonnen Daten zu wenig unterstützt oder ihr gar entgegensteht (siehe Abschnitt 4.3.2).

Ich würde meine Daten nur teilen, wenn ...

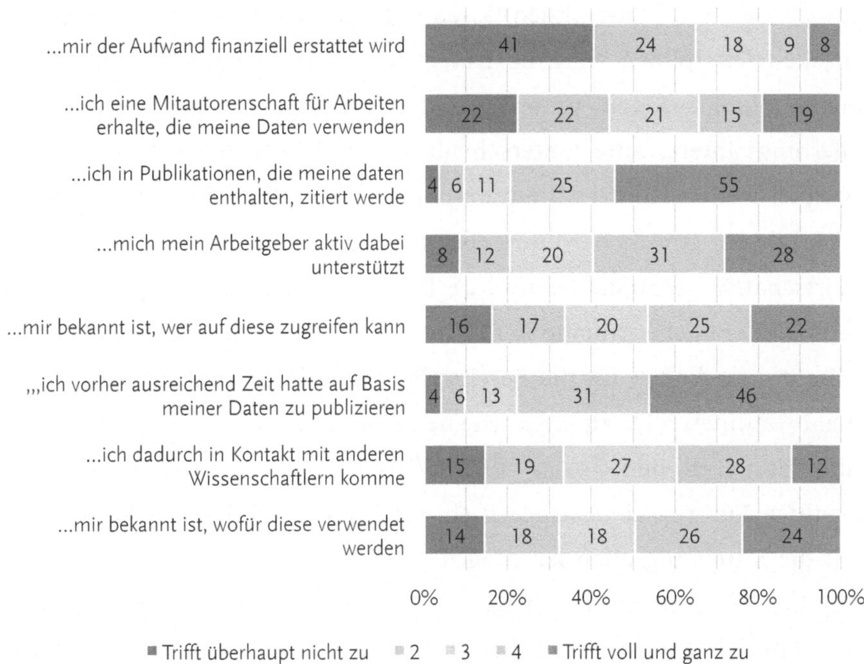

Abbildung 13: Anreize für die Bereitstellung

Bemerkenswert ist, welche Items eine geringe Zustimmung erfahren. Die Mitautorenschaft ist beispielsweise nur für 34 Prozent der Befragten ein Anreiz, 44 Prozent lehnen diese sogar ab. Ein finanzieller Ausgleich ist für 17 Prozent der Befragten ein Anreiz, 65 Prozent lehnen diesen ab. Insofern zeichnet sich mit Hinblick auf die in Abschnitt 4.3.1 identifizierte fehlende Anerkennung der Bereitstellung eine Präferenz ab: **Datenzita-**

tionen sind Forschern lieber als Ko-Autorenschaften oder ein finanzieller Ausgleich.

Im Vergleich der Disziplinen lassen sich hier ähnliche Muster erkennen. In allen Disziplinen sind die Datenzitation und genügend Zeit für die eigene Publikationen unter den drei wichtigsten Anreizen. Es gibt allerdings interessante Unterschiede in der Bewertung einzelner Items. Beispielsweise wird die Mitautorenschaft von 58 Prozent der Medizinforscher als ein Anreiz bewertet, aber nur von 23 Prozent der Sozial- und Wirtschaftswissenschaftler und 21 Prozent der Kultur- und Geisteswissenschaftler (siehe Anhang A.12). In der medizinischen Forschung ist die Mitautorenschaften für die Bereitstellung von Daten üblich. Bei traditionell textaffineren Disziplinen, wie den Kultur- und Geisteswissenschaften und zum Teil den Sozial- und Wirtschaftswissenschaften, spielt die alleinige Autorenschaft dagegen eine viel größere Rolle. Das Wissen, wer auf die Daten zugreifen kann wird von 62 Prozent der Medizinforscher als ein Anreiz für die Bereitstellung betrachtet, aber nur von 41 Prozent der Naturwissenschaftler und 44 Prozent der Sozial- und Wirtschaftswissenschaftler (siehe Anhang A.13). Dieser Unterschied ist womöglich auch darauf zurückzuführen, dass Medizinforscher eher mit sensiblen Patientendaten arbeiten (siehe 4.3.4).

Mit Blick auf das Geschlecht sind Unterschiede feststellbar. 22 Prozent der befragten Forscherinnen würde ihre Daten teilen, wenn ihnen der Aufwand finanziell erstattet wird und nur 14 Prozent der Forscher (siehe Anhang A.14). 35 Prozent der Forscher stimmen zu, dass sie Daten teilen würden, wenn sie dadurch in Kontakt mit anderen Wissenschaftlern kommen im Vergleich zu 47 Prozent der Forscherinnen (siehe Anhang

A.15). 60 Prozent der befragten Forscherinnen würden ihre Daten teilen, wenn ihnen bekannt ist, wofür diese verwendet werden und nur 42 Prozent der Forscher (siehe Anhang A.16). Insbesondere für Doktoranden ist der Kontakt mit anderen Forschern ein Anreiz (53 Prozent im Vergleich zu 37 Prozent der Professoren (siehe Anhang A.17).

HINDERNISSE FÜR DIE BEREITSTELLUNG

Das größte Hindernis für die Bereitstellung stellen kompetitive Publikationserwägungen dar (siehe Abbildung 14. 80 Prozent der Befragten stimmen zu, dass sie Daten nicht teilen würden, wenn andere Forscher mit den bereitgestellten Daten vor ihnen veröffentlichen könnten.

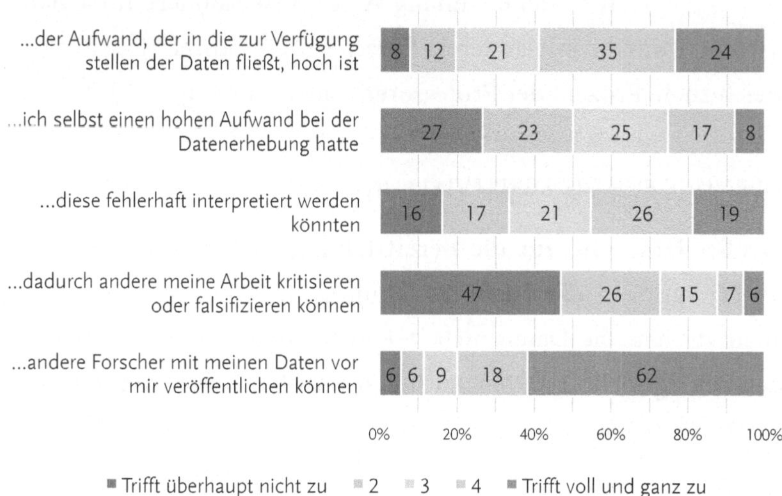

Abbildung 14: Hindernisse für die Bereitstellung

Das zweitgrößte Hindernis bezieht sich auf den Bereitstellungsaufwand. Immerhin 59 Prozent würden ihre Daten nicht teilen, wenn der Aufwand, der in die Bereitstellung fließt, hoch ist. Das drittgrößte Hindernis ist die fehlerhafte Interpretation. 45 Prozent der Befragten betrachten dies als einen Grund, Daten nicht zu teilen. **Bemerkenswert ist, dass das Bedenken einer Falsifikation oder Kritik für einen Großteil der Forscher nach eigener Aussage kein Hindernis darstellt.** 73 Prozent lehnen sogar die Aussage ab, dass sie ihre Daten nicht veröffentlichen würden, wenn sie dadurch falsifiziert werden könnten. In anderen Worten: Eine drohende

Falsifikation ist für den Großteil der Primärforscher kein legitimer Grund, Daten einzubehalten.

Nur 9 Prozent der Geisteswissenschaftler stimmen der Aussage zu, dass sie ihre Daten nicht teilen würden, wenn sie kritisiert oder falsifiziert werden könnten, im Vergleich zu 20 Prozent der Ingenieurswissenschaftler. 61 Prozent der Medizinforscher würden ihre Daten nicht teilen, wenn diese fehlerhaft interpretiert werden könnten, aber nur 35 Prozent der Geistes- und Kulturwissenschaftler fürchten dies. Es gibt zudem nennenswerte Unterschiede mit Blick auf das Geschlecht. Für 18 Prozent der Wissenschaftlerinnen ist die Kritik oder Falsifikation ein Hindernis, aber nur für 8 Prozent der Wissenschaftler (siehe Anhang A.20). 10 Prozent der befragten Professoren stimmen zu, dass die Möglichkeit einer Kritik oder Falsifikation sie von der Veröffentlichung ihrer Daten abhält, aber 15 Prozent der Forscher ohne Doktortitel (siehe Anhang A.20).

FAZIT: DATENAUSTAUSCH UND REPUTATION

Die Ergebnisse zeigen, dass es vor allem die Reputationserwägungen des Primärforschers sind, die seinen Umgang mit Daten erklären. Die wichtigsten Anreize sind die Datenzitation und die Embargofrist für eigene Publikationen, also einerseits eine formale und akademisch etablierte Form der Anerkennung, nämlich die Zitation, und andererseits ein Schutz für eigene Publikationserwägungen, was auch der in Abschnitt 4.3.1 postulierte höhere Stellenwert von Artikel– gegenüber Datenpublikationen zum Ausdruck bringt. Die Ergebnisse zeigen eine klare Präferenz der Wissenschaftler für die Datenzitation als adäquate Form der

Anerkennung, im Vergleich zur Mitautorenschaft oder einer finanziellen Aufwandsentschädigung (siehe Abschnitt 4.3.1). Eine finanzielle Anerkennung wird von der Mehrheit der Befragten sogar abgelehnt. Die hohe Bewertung des Hindernis-Items Aufwand der Bereitstellung lässt vermuten, dass Forscher ihre Daten präferiert dann offenlegen, wenn dem Aufwand ein Gegenwert entgegensteht und/oder wenn durch die Dateninfrastruktur oder Datenmanagementservices der Aufwand der Archivierung gering ist (siehe Abschnitt 4.3.5).

Die Ablehnung des Items Kritik oder Falsifikation zeigt, dass Forscher keine Angst davor haben, dass ihre Ergebnisse durch die Datenoffenlegung falsifiziert werden könnten (siehe Abschnitt 5.2.1). Demnach ist es weniger die Angst vor Transparenz, die Wissenschaftler davon abhält ihre Daten offenzulegen; es sind stattdessen vor allem praktische Aufwand- und Nutzenerwägungen. Die Ausprägung dieses Items ließe sich mit sozial erwünschten Erwägungen erklären, insofern dass Replikation und Peer-Review wissenschaftseigene Qualitätsmerkmale und innerhalb der wissenschaftlichen Community „soziale" Standards sind.

Die Ergebnisse zeigen ähnliche Muster der Anreize und Hindernisse über die Disziplinen, Statusgruppen und Geschlechter hinweg; sie bringen auch allerdings einige nennenswerte Unterschiede zum Vorschein. Demnach ist für Medizinforscher, eher als für andere Disziplinen, eine Mitautorenschaft ein Anreiz für die Bereitstellung. Dieses Ergebnis deckt sich mit der Feststellung, dass medizinische Forscher eher selektiv Daten teilen und die Mitautorenschaft für Bereitstellung von Daten in medizinischen Disziplinen offenbar etabliert ist (siehe 4.3.1). Geistes- und Kulturwissenschaftler befürchten kaum Falsifikationen oder Fehlinterpretatio-

nen durch die Datenoffenlegung. Als eine Disziplingruppe mit tendenziell subjektiver epistemologischer Tradition, haben Geistes- und Kulturwissenschaftler weniger als Ingenieurswissenschaftler, die eher objektiv
und praxisorientiert forschen, eine Falsifikation oder Fehlinterpretation
zu befürchten. Die befragten Frauen möchten eher als Männer wissen,
wer auf die Daten zugreifen kann und würden eher als Männer ihre
Daten nur dann teilen, wenn sie wissen, wer darauf zugreifen kann.
Generell lässt sich bei den befragten Wissenschaftlerinnen ein protektive-
rer Umgang mit Forschungsdaten feststellen (siehe auch Abschnitt 5.2.1).

5.2.3 EINFLÜSSE AUF DAS BEREITSTELLUNGSVERHALTEN

In den untersuchten Studien wurden einige Einflussfaktoren auf den
Forschungsdatenaustausch untersucht oder vermutet. Dieser Abschnitt
beschäftigt sich mit der Überprüfung möglicher Einflussfaktoren auf die
Bereitstellung von Daten. Diese werden, entsprechend den Hypothesen in
Abschnitt 5.1 mittels zweier Regressionsmodelle multivariat getestet. Für
jede Hypothese wird eine Einordnung des Ergebnisses gegeben.

	AV1 Bereitschaft zu teilen	AV2 Erfahrung zu teilen
Standarddemographie		
zentriertes Alter	0.987* (0.00777)	1.012 (0.00877)
Geschlecht (Ref.: männlich)	0.626*** (0.105)	0.550*** (0.112)
Persönlichkeitsmerkmale (Big 5)		
Gewissenhaftigkeit	0.746** (0.0967)	0.791 (0.115)
Offenheit für Erfahrungen	1.216 (0.150)	1.350** (0.204)
Neurotizismus	0.801** (0.0760)	0.914 (0.101)
Extraversion	0.913 (0.0884)	1.033 (0.117)
Verträglichkeit	1.139 (0.136)	0.716** (0.0992)
Disziplin (Ref.: Mathematik/Naturwissenschaften)		
Rechts-/Sozial-/ Wirtschaftswissenschaften	1.146 (0.240)	0.791 (0.189)
Humanmedizin/ Gesundheitswissenschaften	0.534** (0.141)	0.516* (0.179)
Ingenieurswissenschaften	0.477** (0.143)	0.970 (0.339)
Kultur-/Geisteswissenschaften	1.136 (0.347)	1.390 (0.482)
Agrar-/Forst-/ Ernährungswissenschaften	0.562 (0.197)	1.532 (0.675)

	AV1 Bereitschaft zu teilen	AV2 Erfahrung zu teilen
Wissen		
...wo Sekundärdaten gefunden werden können (Ref.: trifft zu)		
trifft nicht zu	1.121 (0.186)	0.631** (0.126)
...wo Sekundärdaten geteilt werden können (Ref.: trifft zu)		
trifft nicht zu	0.658** (0.111)	0.199*** (0.0423)
Publikationspräferenzen		
Open Access (Ref.: wichtig)		
Unwichtig	0.631*** (0.105)	0.760 (0.142)
Reputation (Ref.: wichtig)		
Unwichtig	1.030 (0.201)	1.418 (0.304)
schnelles Publizieren (Ref.: wichtig)		
Unwichtig	1.291 (0.200)	1.222 (0.222)
Art der Daten		
strukturierte Daten (Ref.: trifft zu)		
trifft nicht zu	0.548** (0.137)	0.440** (0.141)
unstrukturierte Daten (Ref.: trifft zu)		
trifft nicht zu	0.771 (0.176)	0.879 (0.221)

	AV1 **Bereitschaft zu** **teilen**	**AV2** **Erfahrung zu** **teilen**
sensible Daten (Ref.: trifft zu)		
trifft nicht zu	0.932 (0.162)	0.750 (0.157)
Konstante	14.45*** (14.10)	4.418 (4.913)
Beobachtungen	894	894
Pseudo-R2	0.0658	0.175
LR-Test	72.46	168.9
Freiheitsgrade	20	20

Standardfehler in Klammern | Signifikanzniveau *** p<0.01, ** p<0.05, * p<0.1

Tabelle 18: Logistische Regression (odds ratio)

SOZIODEMOGRAFISCHE MERKMALE

H1: Soziodemografische Merkmale (Alter und Geschlecht) haben einen Einfluss auf das Datenbereitstellungsverhalten.

Für die Hypothese konnten Belege gefunden werden. Das Geschlecht hat einen signifikanten Einfluss auf das Bereitstellungsverhalten. **Wissenschaftlerinnen sind weniger dazu bereit, ihre Forschungsdaten offenzulegen als Wissenschaftler ($p < 0{,}005$) und es ist weniger wahrscheinlich, dass sie dies in der Vergangenheit getan haben ($p < 0{,}03$).**

Die Bedeutung von Gender beim Umgang mit Forschungsdaten wurde in bisherigen Studien nicht behandelt. Entsprechend gibt es für das überraschend deutliche Ergebnis keine Erklärung in der untersuchten Literatur. Aufgrund der Effektstärke, sowohl was die Bereitschaft als auch was die Teilerfahrung betrifft, drängt sich eine Einordnung und Kontextualisierung allerdings auf.

Studien über Geschlechtsunterschiede in der Wissenschaft können einen Erklärungskontext für den speziellen Fall Forschungsdaten liefern. Bei der Betrachtung des wissenschaftlichen Diskurses zu Geschlechtsunterschieden zwischen männlichen und weiblichen Forschern fällt zunächst eine Reihe von Studien ins Auge, die eine quantitativ schwächere Forschungsleistung von Wissenschaftlerinnen im Vergleich zu Wissenschaftlern nahelegen. So publizieren Wissenschaftlerinnen im Durchschnitt weniger als Wissenschaftler und signifikant weniger in Fachgebieten, die stark naturwissenschaftlich geprägt sind. Weltweit produzieren Wissenschaftler 70 Prozent der wissenschaftlichen Publikationen und Wissenschaftlerinnen nur 30 Prozent (Duch et. al 2012). Artikel von Wissenschaftlerinnen werden im Schnitt weniger zitiert als Artikel von Wissenschaftlern (Larivière et al. 2013).

Diese Indikatoren wissenschaftlichen Impacts vermitteln mehr einen Eindruck der Wirkung als der Ursache geschlechtsspezifischer Unterschiede in der Wissenschaft. So gibt es in den meisten Ländern weit mehr weibliche Studierende, aber weit weniger Professorinnen als Professoren[66] (OECD 2012). In der Genderforschung wird dieser sich nach oben verdünnende, Karriereverlauf als „leaky pipeline" bezeichnet (Berryman 1983). Hinzu kommen Ungleichheiten zu Gunsten von Männern bei den Einstellungschancen (Moss-Racusin et al. 2012), dem Verdienst (Shen 2013), der Drittmittelvergabe (Ley und Hamilton 2008), der beruflichen Zufriedenheit (Holden 2001) und dem beruflichen Wiedereinstieg in die Forschung nach Familienzuwachs und der damit verbundenen Unterbrechung (Menz et al. 2015). Einige Genderforscher sprechen vor dem Hintergrund dieser strukturellen und organisationsinternen Ungleichheit von einer asymmetrischen Vertrauenskultur, die Folgen für das berufliche Verhalten von Wissenschaftlerinnen hat (Wetterer 2007; Wilz 2001).

Der protektivere Umgang mit Forschungsdaten seitens der befragten Wissenschaftlerinnen könnte sich mit dieser Ungleichheitserfahrung und der daraus resultierenden asymmetrischen Vertrauenskultur erklären lassen. Für Wissenschaftlerinnen wäre die Einbehaltung von Forschungsdaten insofern eine Investitionssicherung, die Publikations-

---

[66] Generell gibt es mehr Forscher als Forscherinnen (OECD 2012). Das erklärt teilweise auch den höheren Publikationsoutput von Wissenschaftlern gegenüber Wissenschaftlerinnen.

und Karrierechancen (noch stärker als bei ihren männlichen Kollegen) sicherstellen und die Gefahr der Kritik oder Falsifikation minimieren soll. Diese Ungleichheitsthese in Bezug auf Forschungsdaten äußert sich weiterhin in der größeren Bedeutung eines finanziellen Ausgleiches für die Bereitstellung von Forschungsdaten und der (doppelt so hohen) Befürchtung von Wissenschaftlerinnen, falsifiziert oder kritisiert zu werden (siehe Abschnitt 5.2.2). Dass es noch keine formale Regelung (und damit Sicherheit) für die Anerkennung der Offenlegung von Daten gibt, dürfte diesen protektiveren Umgang verstärken (siehe Abschnitt 4.3.1). Die geschlechtsspezifischen Unterschiede beim Forschungsdatenaustausch sind eher als Manifestation und alarmierende Bestätigung der Ungleichheitsthese zu betrachten, denn als Ausdruck wissenschaftlicher Leistung. Die forschungspolitischen Implikationen hieraus sind struktureller Natur und betreffen – über den Umgang mit Forschungsdaten hinaus – die Karrierechancen von Frauen in der Wissenschaft.[67]

Das Alter hat einen schwach signifikanten Einfluss auf das Bereitstellungsverhalten, wonach die älteren Befragten weniger als die jüngeren dazu bereit sind, Daten offenzulegen (p < 0,09). Auf die Erfahrung, Daten offenzulegen, konnte kein Einfluss des Alters festgestellt werden. In zwei weiteren Regressionsmodellen mit weniger unabhängigen Variablen und dem quadrierten Alter, hat das Alter einen signifikanten Einfluss auf die Bereitschaft (p < 0,001) und die Erfahrung, Daten zu

---

[67] Dank an Elke Holst (DIW Berlin) für die Hilfestellung bei der Interpretation der Genderergebnisse.

teilen (p < 0,000), was dafür spricht, dass das Alter einen Einfluss hat, allerdings keinen streng linearen.

Das Ergebnis bezüglich des Alters widerspricht (in Teilen) den Ergebnissen bisheriger Forschung. Tenopir et al. (2011) konnte für Biodiversitätsforscher feststellen, dass ältere Forscher eher als jüngere ihre Daten offenlegen würden. Andreoli-Versbach und Mueller-Langer (2014) konnten einen positiven Einfluss des Status auf den Forschungsdatenaustausch feststellen, wonach höher gestellte Wissenschaftler eher ihre Daten offenlegen würden. In beiden Studien wird der positive Einfluss des Alters beziehungsweise der beruflichen Seniorität auf das kompetitivere Publikationsverhalten jüngerer Forscher zurückgeführt (siehe Abschnitt 4.3.1). Ein derartiger Zusammenhang lässt sich hier nicht feststellen und legt nahe, dass das der Forschungsdatenaustausch disziplinübergreifend nicht (linear) altersabhängig ist.

PERSÖNLICHKEITSMERKMALE

H2: Die Persönlichkeit eines Forschers hat Einfluss auf sein Datenbereitstellungsverhalten.

Auch für die Hypothese konnten Belege gefunden werden. **Die Persönlichkeit hat einen signifikanten Einfluss auf das Bereitstellungsverhalten.** Die Persönlichkeitsdimension Gewissenhaftigkeit hat einen negativen Einfluss auf die Bereitschaft, Daten zu teilen (p < 0,024). Die Persönlichkeitsdimension Offenheit hat einen positiven Einfluss auf die tatsächliche Erfahrung, Daten offenzulegen (p < 0,047) aber nicht auf die Bereitschaft. Die Persönlichkeitsdimension Neurotizismus hat einen negativen Einfluss auf die Bereitschaft, Daten offenzulegen (p < 0,02). Die Persönlichkeitsdimension Verträglichkeit hat einen negativen Einfluss auf die tatsächliche Erfahrung, Daten offenzulegen (p < 0,016). In zwei weiteren reduzierten Regressionsmodellen (siehe Anhang A.21), mit den standardemographischen Variablen Geschlecht, Alter, Alter^2 und den Big 5, hat die Persönlichkeitsdimension Gewissenhaftigkeit ebenfalls einen negativen Einfluss auf die Bereitschaft zu teilen (p < 0,002). Hier hat die Persönlichkeitsdimension Offenheit dagegen einen positiven Einfluss auf die Bereitschaft (p < 0,049) wie auch auf das tatsächliche Teilen (p < 0,045). Dagegen hat Verträglichkeit weiterhin einen (schwach) negativen Einfluss auf die Teilerfahrung (p < 0,063).

Ein positiver Effekt der Offenheitsdimension auf das Bereitstellungsverhalten konnte bereits in der Sekundärdatennutzerbefragung festgestellt werden. Überraschend ist, dass diese Persönlichkeitsdimension, die mit Neugier und Lust auf neue Erfahrungen in Verbindung gebracht wird, zwar einen Einfluss auf die tatsächliche Offenlegung, in diesen Modellen aber nicht auf die Bereitschaft, Daten offenzulegen, hat. Anzumerken ist, dass in der Sekundärdatennutzerbefragung in Kapitel 4.3.1 die Persönlichkeitsdimension Offenheit ebenso einen Einfluss auf die Bereitstellung von Daten und Analyseskripten hatte.

Der Einfluss der Persönlichkeitsdimension Neurotizismus könnte mit den Bedenken vor Falsifikation, Datenmissbrauch oder fehlerhafter Interpretation (siehe Abschnitt 4.3.6) zusammenhängen, die bei tendenziell ängstlichen Personen größer sind (Mooradian et al. 2006). **Interessant ist der Effekt der Persönlichkeitsdimensionen Gewissenhaftigkeit und Konformismus, der dafür spricht, dass das etablierte wissenschaft-**

liche Paradigma – nämlich nicht offenzulegen – gegenwärtig reproduziert wird. Bei Gewissenhaftigkeit, Offenheit und Neurotizismus sind die Werte für Bereitschaft und Erfahrung ähnlich groß, bei Verträglichkeit gegenläufig. Bereitschaft, Daten offenzulegen scheint es zwar zu geben, gemacht wird es nicht. Eine Erklärung könnte sein, dass angepasste Forscher zwar den gesamtwissenschaftlichen Wert des Forschungsdatenaustausches erkennen, das gegenwärtige Anreizsystem allerdings gegen eine Offenlegung spricht.[68]

Die Ergebnisse für die Persönlichkeitsdimensionen Verträglichkeit und Gewissenhaftigkeit könnte man so deuten: Mit hoher Gewissenhaftigkeit will man Fehler und Probleme vermeiden, die durch eine Datennutzung durch andere auftreten können. Das könnte Fehlinterpretationen oder die Falsifikation/Kritik betreffen.

DISZIPLINÄRER HINTERGRUND

H3: Der disziplinäre Hintergrund eines Forschers hat einen Einfluss auf sein Datenbereitstellungsverhalten.

Der disziplinäre Hintergrund hat einen Einfluss auf das Bereitstellungsverhalten. Demnach sind Befragte aus der Medizinforschung und den Ingenieurswissenschaften signifikant weniger dazu bereit, Forschungsdaten offenzulegen (p < 0,018 für Medizinforscher und p < 0,013 für Ingenieurswissenschaftler; Referenz Naturwissenschaften). Für

---

[68] Dank an David Richter (DIW Berlin) für die Hilfestellung bei der Interpretation der Persönlichkeitsmerkmale.

Medizinforscher konnte ein schwach signifikanter negativer Einfluss auf die tatsächliche Erfahrung, Daten offenzulegen, festgestellt werden (p < 0,057).

Dass Medizinforscher weniger dazu bereit sind, Daten offenzulegen, spiegelt sich auch in der vergleichsweise geringen Zustimmung wider, dass Forscher ihre Daten generell teilen sollten (Abschnitt 5.2.1) und erklärt sich eventuell erneut auch mit dem höheren Anteil sensibler Patientendaten als in anderen Disziplinen. Die niedrigere Bereitschaft von Ingenieurswissenschaftlern könnte auf proprietäre, kommerziell verwertbare (siehe Abschnitt 4.3.4) oder sensible Unternehmensdaten zurückzuführen sein. Die Ergebnisse entsprechen der selektiven Austauschpraxis in diesen Disziplinen. In jedem Fall lässt sich erkennen, dass disziplinäre Erhebungs- und Analysekulturen die Bereitstellung beeinflussen, was auch die uni- und bivariaten deskriptiven Ergebnisse in den Abschnitten 5.2.1 und 5.2.2 schon angedeutet haben.

WISSEN

H4: Das Wissen darüber, wie und wo Forschungsdaten bereitgestellt werden können, hat einen positiven Einfluss auf das Bereitstellungsverhalten.

Wissenschaftler, die nicht wissen wo Sekundärdaten gefunden werden können, haben signifikant weniger Daten offengelegt (p < 0,021). Das Wissen darüber, wo man Sekundärdaten für die eigene Arbeit finden kann, hat keinen Einfluss auf die Bereitschaft, Daten zu teilen. Das spricht dafür, dass die Bereitstellung und Nachnutzung nicht unbedingt Hand in

Hand gehen und dass es womöglich ein einseitiges Nutzenverständnis von Sekundärdaten gibt. Das Wissen darüber, wo und wie man Daten bereitstellt, hat einen positiven Einfluss auf die Bereitschaft sowie die tatsächliche Erfahrung, Daten offenzulegen. Diejenigen, die nicht wissen, wo und wie man Sekundärdaten teilt, sind signifikant weniger dazu bereit ($p < 0{,}013$) und haben signifikant weniger Daten bereitgestellt ($p < 0{,}00$).

Darüber hinaus gibt es erwähnenswerte deskriptive Ergebnisse bezüglich der Wissensstatements. **Disziplinübergreifend geben 50 Prozent der Befragten an, dass sie wissen, wo und wie sie Daten anderen Forschern zur Verfügung stellen können. Dabei geben 61 Prozent der Naturwissenschaftler dies an, im Vergleich zu 43 Prozent der Sozial- und Wirtschaftswissenschaftler (siehe 0).** In den Ingenieurswissenschaften geben 44 Prozent der Befragten an, dass sie wissen, wo sie Sekundärdaten für ihre Forschung finden, im Gegensatz zu 62 Prozent der Medizinforscher (siehe Anhang A.25). Mit Blick auf den Status der Befragten gibt es Unterschiede: 46 Prozent der Doktoranden geben an, dass sie wissen, wo sie relevante Sekundärdaten für ihre Forschung finden können und 59 Prozent der befragten Professoren (siehe Anhang A.26).

Befragte, die wissen, wo sie relevante Sekundärdaten für ihre Forschung finden, haben häufiger Daten offengelegt. Dass dieses Wissen allerdings keinen Einfluss auf die Bereitschaft hat, spricht dafür, dass dies eher mit einer stärkeren Integration in den Forschungsdatenzyklus als mit einer generell positiven Einstellung gegenüber des Forschungsdatenaustausches zu tun hat. Das Wissen darüber, wie und wo man Daten bereitstellt, hat einen positiven Einfluss auf die Bereitschaft wie auch auf das tatsächliche Teilverhalten. Hieraus ließe sich schließen, dass diejenigen, die bereits geteilt haben, zumindest keine negative Erfahrung gesammelt haben. Die disziplinären Unterschiede können als Beleg für die selektive Bereitstellungskultur in der Medizinforschung und die vergleichsweise gering ausgeprägte Datenaustauschkultur in den Sozial- und Wirtschaftswissenschaften betrachtet werden (siehe 5.2.1). Die Unterschiede beim Status lassen sich mit der – in der Regel – größeren Erfahrungswerten von Forschern mit einem hohen Grad an beruflicher Seniorität erklären.

PUBLIKATIONSPRÄFERENZEN

H5: Die Publikationspräferenzen eines Forschers haben einen Einfluss auf sein Bereitstellungsverhalten. Es ist wahrscheinlich, dass Forscher, denen Renommee bei der Ergebnispublikation wichtig ist, verhaltener als andere Forscher teilen.

Für die fünfte Hypothese konnten Belege gefunden werden. **Wissenschaftler, denen Open Access bei der Ergebnispublikation wichtig ist, sind eher dazu bereit, Daten offenzulegen** ($p < 0,006$). Die Präferenz für Open Access hat in dem Regressionsmodell mit der AV Erfahrung zu teilen allerdings keinen Einfluss auf die tatsächliche Offenlegung. Die übrigen Publikationskriterien haben keinen Einfluss auf das Bereitstellungsverhalten.

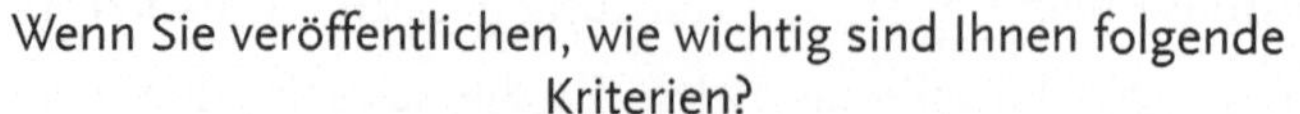

Wenn Sie veröffentlichen, wie wichtig sind Ihnen folgende
Kriterien?

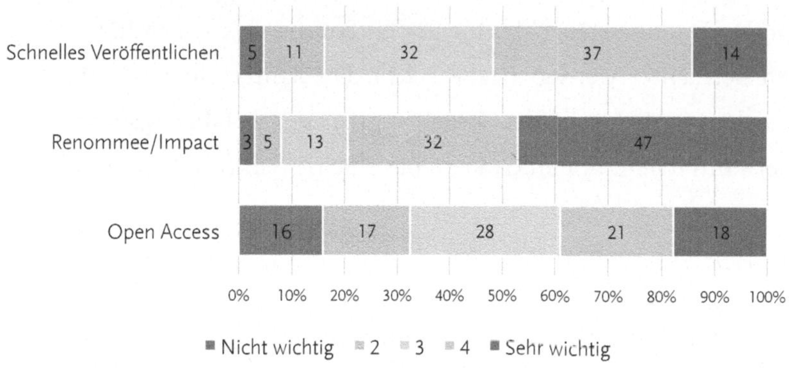

Abbildung 15: Publikationspräferenzen

Weiterhin gibt es erwähnenswerte deskriptive Ergebnisse zu der Frage, was den Wissenschaftlern bei der Veröffentlichung wichtig ist. **Das Kriterium, das mit Abstand am höchsten bewertet wird, ist Renommee/Impact mit 79 Prozent (siehe Anhang A.27). Open Access ist im Vergleich dazu eher unwichtig.** Die Reihenfolge der Kriterien ist für alle Disziplinen gleich, allerdings gibt es einige bemerkenswerte disziplinäre Unterschiede. Das Kriterium Open Access erfährt für Natur- sowie für Geistes- und Kulturwissenschaftler am meisten Zustimmung (je 47 Prozent). Die geringste Bedeutung hat Open Access für Sozial- und Wirtschaftswissenschaftler; nur 30 Prozent erachten Open Access als wichtig oder sehr wichtig (siehe Anhang A.28). Renommee/Impact ist für 83 Prozent der Medizinforscher und Agrarwissenschaftler wichtig oder sehr wichtig, aber nur für 67 Prozent der Geistes- und Kulturwissenschaftler. Für das Geschlecht und den Status sind keine nennenswerten Unterschiede im Hinblick auf die Publikationspräferenzen feststellbar.

Dass die Disposition für Open Access zu Artikeln auch einen positiven Einfluss auf die Bereitschaft, Daten offenzulegen hat, ist nicht überraschend. Dass sie allerdings keinen Einfluss auf das angegebene Bereitstellungsverhalten hat ist dagegen überraschend und lässt sich eventuell mit dem akademischen Anreizsystem erklären. Offen zugängliche Publikationen sind positiv für den Forscher, weil sie von mehr Personen gelesen und zitiert werden können. Ein derartiger Mehrwert entsteht allerdings (noch) nicht für Forschungsdaten (siehe Abschnitt 4.3.2). Weiterhin zeigt sich, dass Open Access im Vergleich zu Renommee unbedeutend ist, vor allem in den Sozial- und Wirtschaftswissenschaften.

ART DER DATEN

H6: Die Art der Daten (strukturiert, unstrukturiert, sensibel) hat einen Einfluss auf das Datenbereitstellungsverhalten. Es ist wahrscheinlich, dass am ehesten strukturierte Daten, sensible Daten dagegen nur zögerlich bereitgestellt werden.

Für die Hypothese konnten Belege gefunden werden. **Forscher, die mit unstrukturierten Daten arbeiten, sind signifikant weniger dazu bereit (p < 0,016), diese offenzulegen und es ist unwahrscheinlicher, dass sie dies bereits getan haben (p < 0,01).** Überraschenderweise hat der Grad der Sensibilität der Daten in beiden Modellen keinen Einfluss auf die Offenlegung.

Vorrangig arbeiten Forscher mit strukturierten Daten. 82 Prozent der Forscher geben an, dass sie mit strukturierten Daten arbeiten, 25 Prozent mit unstrukturierten Daten arbeiten. 31 Prozent der Befragten arbeiten mit sensiblen Daten (siehe Abbildung 16). Es gibt einige interessante Unterschiede bei den Disziplinen. 94 Prozent der Agrarwissenschaft arbeiten mit strukturierten Daten, aber nur 41 Prozent der Kultur- und Geisteswissenschaftler (siehe Anhang A.29). Neun Prozent der Naturwissenschaftler arbeiten mit unstrukturierten Daten, aber 70 Prozent sind es bei den Geistes- und Kulturwissenschaftlern (siehe Anhang A.30). Die Hälfte (50 Prozent) der Medizinforscher arbeiten mit sensiblen Daten, aber nur 12 Prozent der Agrarwissenschaftler (siehe Anhang A.31).

Welche der folgenden Eigenschaften besitzen die Daten,
mit denen Sie in Ihrer wissenschaftlichen Tätigkeit
arbeiten?

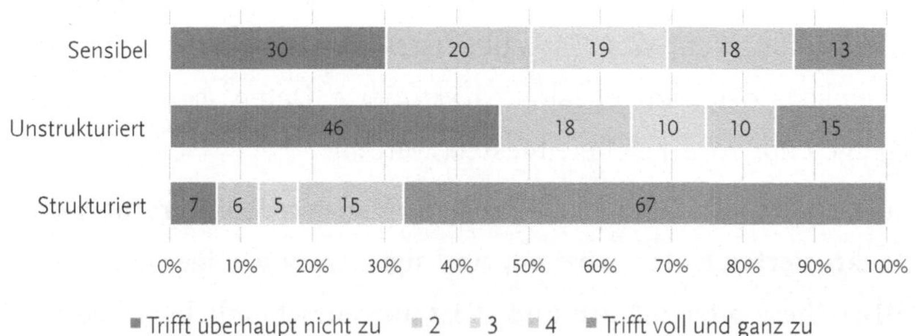

Abbildung 16: Eigenschaften der Daten

Dass strukturierte Daten eher geteilt werden, könnte damit zu erklären sein, dass diese meist digital erzeugt sind. Es ist es intuitiv naheliegender, Dokumentationsstandards für strukturierte Daten zu formalisieren als für unstrukturierte. Auch was die Nachnutzung betrifft, werden unstrukturierte Daten vermutlich weniger benötigt. In geisteswissenschaftlichen Disziplinen, die vorrangig mit unstrukturierten Daten arbeiten, sind Replikationsstudien beispielsweise unüblich (siehe Abschnitt 3.1).

FAZIT: EINFLÜSSE AUF DIE OFFENLEGUNG VON DATEN

Rückblickend lassen sich Einflüsse auf das Offenlegungsverhalten von Primärforschern feststellen, die in vorherigen Untersuchungen noch nicht oder nur unzureichend überprüft wurden.

Hierzu zählt der bisher nicht thematisierte Gender-Effekt beim Umgang mit Forschungsdaten. Das auffallend verhaltene Offenlegungsverhalten von Frauen im Vergleich zu Männern in der Wissenschaft deckt sich mit Ergebnisse aus der Genderforschung, die Ungleichheiten in bei der Fördermittelvergabe oder bei Berufungen feststellen konnten (Berryman 1983; Moss-Racusin et al. 2012; Ley und Hamilton 2008; Holden 2001). Der protektive Umgang mit Daten ließe sich demnach als eine Bestätigung der Ungleichheitshypothese und entsprechend als eine Strategie der Investitionssicherung begreifen.

Dass die Persönlichkeit eines Forschers einen Einfluss auf sein Offenlegungsverhalten hat zeigt, dass es nicht den einen Forscher gibt, sondern dass die individuellen Aufwand- und Nutzenerwägungen auch vom Charakter der Forscherperson abhängen. Interessant ist der Effekt der Persönlichkeitsdimension Gewissenhaftigkeit und Konformismus, der dafür spricht, dass das etablierte wissenschaftliche Paradigma, bei dem Daten für die Ergebnispublikation exklusiv genutzt werden, gegenwärtig reproduziert wird.

Es lassen sich disziplinäre Unterschiede erkennen, die sich auch in den deskriptiven Ergebnissen widerspiegeln. Dies bezieht sich auf die verhaltene Bereitschaft von Medizinforschern und Ingenieurswissenschaftlern ihre Daten offenzulegen, was sich mit der disziplinspezifischen Beschaffenheit der Daten, der Erwartung von Ko-Autorenschaften (insbesondere in der Medizin) oder möglichen kommerziellen Nutzungsabsichten erklären lässt. Strukturierte Daten werden eher geteilt als unstrukturierte Daten. Das ist interessant, da allein die disziplinäre Abfrage (insbesondere bei großen Disziplingruppen) nicht die disziplinspezifischen und durchaus heterogenen Datentypen berücksichtigen kann.

Dass das Wissen über Datenmanagement einen positiven Einfluss auf die Offenlegung hat, ist wenig überraschend. Das Ergebnis kann als Beleg dafür gesehen werden, dass Datenmanagement verstärkt als Teil der universitären Ausbildung in empirischen Disziplinen oder als Weiterbildung gelehrt werden sollte.

Die Publikationspräferenzen zeigen, dass eine Präferenz für Open Access zwar einen Einfluss auf die Bereitschaft zu teilen hat, nicht aber auf das tatsächliche Verhalten. Dies ließe sich als eine strategische Abwägung der Bereitstellung deuten. Wohingegen Open-Access-Artikel mehr zitiert werden, gibt es keine belastbaren Ergebnisse, die einen ebensolchen positiven Effekt auf die Reputation eines Forschers im Falle des Publizierens oder des Offenlegens von Daten haben (siehe Peters et al. 2016).

5.3 FEHLENDE ANERKENNUNG

Am Ende dieses Kapitels lässt sich feststellen, dass es eine erkennbare Diskrepanz zwischen dem erkannten gesamtwissenschaftlichen Nutzen des offenen Zugangs zu Forschungsdaten und dem individuellen Forscherverhalten existiert. Die befragten Forscher stehen dem offenen Zugang zu Forschungsdaten positiv gegenüber. Sie erkennen darin Vorteile für die Wissenschaft als Ganzes, wie auch einen Nutzen für ihre eigene Arbeit. Die Mehrheit der Forscher hat bereits Daten geteilt und mit Sekundärdaten gearbeitet. Das sind klare Indizien dafür, dass die Bereitstellung und Nachnutzung von Forschungsdaten bereits akzeptierte und gelebte Forschungspraxis ist. Das Problem – wenn man von einer offenen Wissenschaft ausgeht – besteht darin, dass Forschungsdaten, vorrangig selektiv (z. B. Kollegen) bereitgestellt werden. Ein derart selektives Bereitstellungsverhalten bedeutet, dass die wissenschaftlichen, aber auch wirtschaftlichen und gesellschaftlichen Nutzen des offenen Zugangs zu Forschungsdaten nur bedingt ausgeschöpft werden.

Dieser protektive Umgang lässt sich in weiten Teilen mit einem akademischen Anreizsystem erklären, in dem Ergebnispublikationen überproportional wichtiger sind als andere Forschungsprodukte, inklusive Datenpublikationen. Verständlicherweise würden die meisten Forscher ihre Daten daher erst dann offenlegen, wenn sie zuvor genügend Zeit hatten, damit zu veröffentlichen. Gleichzeitig ist der wichtigste Anreiz für Wissenschaftler, Daten zu offenzulegen, die formale Anerkennung in Form einer Datenzitation. Hier offenbaren sich zwei interessante Punkte:

(1) Der Umgang mit Forschungsdaten hängt von den Publikations- und Reputationserwägungen eines Forschers ab. Das erkennt man an dem

gewünschten Publikationsvorrecht und dem Wunsch nach formaler Anerkennung. Für die Reputationsthese spricht auch, dass die Mehrheit der befragten Wissenschaftler monetäre Anreize – zumindest in der Befragung – deutlich ablehnen.[69]

(2) Forscher haben eine klare Präferenz für die Art der formalen Anerkennung, nämlich die Datenzitation. Dieses Ergebnis ist insofern interessant, da die Mitautorenschaft eine etablierte Form der Anerkennung ist und in einigen Disziplinen sogar relativ üblich für die Verwendung eines Datensatzes, z. B. in der Medizinforschung (siehe z. B. Longo und Drazen 2016). Die Ablehnung der Autorenschaft als formale Form der Anerkennung für die Bereitstellung könnte sich damit erklären lassen, dass viele Wissenschaftler die Fehlinterpretationen ihrer Daten befürchten und nicht direkt als Autoren mit einer Publikation in Verbindung gebracht werden wollen, deren Qualität sie nicht beeinflussen können (siehe auch Rohlfing und Poline 2012).[70]

Bezüglich der Datenzitation, als formale Form der Anerkennung, lässt sich feststellen, dass verschiedene Autoren eine solche bereits gefordert

---

[69] Eine verpflichtende Veröffentlichung von Daten bei drittmittelfinanzierter Forschung könnte theoretisch auch als ein monetärer Anreiz betrachtet werden.

[70] Eine Mitautorenschaft im Falle von Replikationsstudien oder Meta-Analysen ergibt aus einer wissenschaftlichen Perspektive auch wenig Sinn. Weshalb sollte man die Person als Mitautor aufnehmen, deren Ergebnis man zu widerlegen versucht? Bei Meta-Analysen, die sich bisweilen hunderter Datensätzen bedienen, wäre es forschungsethisch nicht unproblematisch die Urheber der verwendeten Datensätze auch als Mitautoren der Meta-Analyse aufzunehmen (Fecher und Wagner 2016).

haben (z. B. Acord und Harley 2012; Costello 2009; Dalgleish et al. 2012; Enke et al. 20121; Gardner et al. 2003; Guralnick und Constable 2010). Die Ergebnisse belegen, dass diese auch aus Sicht des Primärforschers die präferierte Form der Anerkennung ist. Das Hauptproblem liegt allerdings in der Kultivierung einer solchen (Force und Robinson 2014; Peters et al. 2016).

Eine Erklärung für den restriktiven Umgang mit Forschungsdaten war bisher, dass Forscher die Überprüfung und mögliche Falsifizierung ihrer Arbeit befürchteten, wenn sie ihre Daten offenlägen (siehe Longo und Drazen 2016). Diese Befürchtung lässt sich in der Befragung nicht bestätigen. Im Gegenteil: Den Großteil der Befragten schreckt es nicht ab, in einer Zeitschrift zu veröffentlichen, welche die Offenlegung von Forschungsdaten verlangt. Die Falsifizierung ihrer Ergebnisse befürchten die wenigsten (siehe Abschnitt 5.2.2). Das sind gute Vorzeichen für die Überwindung der gegenwärtigen Replikationskrise. Denn: Wissenschaftler haben keine Scheu davor, ihre Daten – nach einer Artikelpublikation – zu veröffentlichen und damit ihre Ergebnisse überprüfbar zu machen.[71]

Dass das gegenwärtige Paradigma der akademischen Forschung trotzdem Nicht-Teilens ist und reproduziert wird, verdeutlichen die Ergebnisse zu den Persönlichkeitsfaktoren. Bei Personen mit einer starken Ausprägung der Persönlichkeitsdimension Verträglichkeit sind die Effektrichtungen

---

[71] Hierzu sei angemerkt, dass die Ablehnung der Befürchtung einer Falsifikation teilweise auch mit sozialer Erwünschtheit zu erklären ist. Einige SOEP-Nutzer haben schließlich auch die mögliche Kritik oder Falsifikation als Folge der Offenlegung als ein Hindernis für die Offenlegung genannt (siehe Abschnitt 4.3.6).

für die Bereitschaft und die tatsächliche Erfahrung, Daten zu teilen, gegenläufig (siehe Abschnitt 5.2.3). „Angepasste" Forscher berichten zwar eine höhere Bereitschaft, Daten zu teilen, sie praktizieren es aber nicht intensiver. Sie erkennen zwar den gesamtwissenschaftlichen Wert des Forschungsdatenaustausches (wie auch in Abschnitt 5.2.1 deutlich wird), allerdings spricht das gegenwärtige akademische Anreizsystem gegen eine (frühe) Offenlegung ihrer Daten. In anderen Worten: Damit Wissenschaftler offener im Umgang mit Forschungsdaten werden, muss der Mehrwert des Teilens im System Wissenschaft individuell erfahrbar sein. Nur Forscher, die eine hohe Ausprägung der Persönlichkeitsdimension Offenheit haben, also ohnehin dazu bereit sind bestehende Normen zu hinterfragen und experimentierfreudiger agieren, teilen bereits mehr als andere. Dass eine Präferenz für Open Access beim Publizieren zwar die Bereitschaft, Daten zu teilen, erhöht, nicht aber dazu führt, dass Forscher mehr teilen, bestätigt die Schlussfolgerung, dass Offenheit vor allem dann praktiziert wird, wenn es von Vorteil für den Einzelforscher ist. Open-Access-Artikel werden zumindest häufiger zitiert (Research Information Network 2014); ein derart positiver (Reputations-) Effekt für den Urheber wurde für die Nutzung von Sekundärdaten für den bereitstellenden Forscher noch nicht bestätigt oder ist umstritten (z. B. Piwowar 2013).

Forscherinnen teilen deutlich weniger Forschungsdaten und sind auch deutlich weniger dazu bereit. Bei vielen Fragen zeigt sich die Tendenz, dass Wissenschaftlerinnen protektiver im Umgang mit Forschungsdaten sind als Wissenschaftler. Für dieses deutliche Ergebnis konnten in der Literaturanalyse und der Auswertung der Sekundärdatennutzerbefragung keine Anhaltspunkte gefunden werden. Die Effektstärke der Variable

Geschlecht legt eine solche Betrachtung aber nahe. Vorangegangene Studien weisen nicht nur auf geschlechtsspezifische Unterschiede in der quantitativen Forschungsleistung, sondern sie weisen auch eine strukturelle und organisationsinterne Benachteiligung von Frauen in der Wissenschaft nach (z. B. bei Beförderungen oder der Drittmittelvergabe, Besetzung von Leitungspositionen). Diese Benachteiligung begründet eine asymmetrische Vertrauenskultur. Eine wissenschaftlich institutionalisierte Form der Datenveröffentlichung und formalisierten Anerkennung, wie es sie bei Artikeln schon gibt, gibt es für Forschungsdaten nicht. Daten offenzulegen bedeutet in diesem Zusammenhang für Wissenschaftlerinnen, stärker als für Wissenschaftler, ein strategisches Risiko und einen kompetitiven Nachteil.

Es lässt sich zusammenfassend feststellen, dass aus der Perspektive des Primärforschers vor allem die fehlende Anerkennung sowie Publikations- und Aufwandserwägungen gegen die Offenlegung von Daten sprechen. Aus der Perspektive des Primärforschers ist die enge Grenze der Offenheit eine akademische Kultur, die der Bereitstellung von Forschungsdaten einen zu geringen Stellenwert einräumt.

6 PRAKTISCHE UND THEORETISCHE IMPLIKATIONEN

6.1 THEORETISCHE IMPLIKATIONEN: REPUTATION, DATEN UND KOLLABORATION

Abschließend werden die Ergebnisse vor dem Hintergrund theoretischer Konzepte zum Wissenschaftssystem und zur wissenschaftlichen Zusammenarbeit reflektiert. Der Titel der Arbeit nimmt dabei eine theoretische Ableitung vorweg: Die Wissenschaft ist eine Reputationsökonomie.

6.1.1 WISSENSCHAFT ALS REPUTATIONSÖKONOMIE

Die Ergebnisse des empirischen Teils legen nahe, dass es insbesondere Nutzenerwartungen des Einzelforschers sind, die dessen Umgang mit Forschungsdaten erklären. Es fällt auf, dass sich die Nutzenerwartung nicht auf monetäre Anreize, sondern auf den Zugewinn an Reputation und damit sozialem und akademischem Status bezieht. **Die konzeptionelle Beschreibung der Wissenschaft als eine Reputationsökonomie meint ein abgeschlossenes System, in dem der Austausch von Information**

© Springer Fachmedien Wiesbaden GmbH, ein Teil von Springer Nature 2018
B. Fecher, *Eine Reputationsökonomie*,
https://doi.org/10.1007/978-3-658-20895-0_6

**und Wissen an die Reputations- und Statuserwägungen der Forscher
gekoppelt ist** (vgl. dazu Bourdieu 1983; Luhmann 1992; Levy 1988).

Die damit zentrale Bedeutung von Reputation und Status in der akademischen Wissenschaft ist bekannt. Sie ist fest verankert in der Denkschule *Economics of Science*, die in einem behavioristischen Marktansatz versucht, das Verhalten eines Wissenschaftlers vorrangig über Formen der formalen Anerkennung (z. B. Impact, Zitationen) zu erklären (Levy 1988; Stern 2004). Sie begreift Wissenschaft als Basis gesellschaftlicher und wirtschaftlicher Innovation und damit als Produktionssystem, in dem permanent neues Wissen hergestellt wird (Mokyr 2011; Mowery und Rosenberg 1989; Haeussler 2011). Auch hier ist die „Produktion" von Wissen implizit an die Reputation des Wissenschaftlers gekoppelt.

Auch in anthropologischen und soziologischen Betrachtungen der Wissenschaft wird die Bedeutung von Reputation oder Status thematisiert. Luhmann (1992) sieht die Wissenschaft als ein eigenständiges Funktionssystem, in dem Reputation die einzige Belohnung darstellt. Das gilt jedenfalls insofern, als dass sich Quasi-Kausalitäten und Bedingungen für bestimmte Effekte einrichten, wie beispielsweise die positive Auswirkung von Publikationen auf die wissenschaftliche Karriere. In Bourdieus *Homo Academicus* (Bourdieu 2010), ist der „akademische Mensch" ein Akteur, der im sozialen Raum der Universität nach Anerkennung (*symbolischen Kapital*) strebt. In dieser Vorstellung ist die Welt der Akademien nicht nur eine der Debatte und des Dialogs, sondern auch eine des Wettbewerbs um Anerkennung und soziale Positionen.

Reputation hat in der Wissenschaft einen ähnlichen Charakter wie Geld in der Marktwirtschaft. Sie ist die primäre Währung in der wissenschaftlichen Reputationsökonomie. Forscher richten ihr Verhalten nach dem Reputationsgewinn aus.

Es stellt sich die Frage, wie Wissenschaftler ihr Wissen einsetzen, um Reputation – und damit soziale Anerkennung – zu erwerben. Bourdieus Feldtheorie (1983) gibt hierzu einen Anhaltspunkt. Laut ihr konkurrieren Akteure um Positionen in einem Feld, wozu sie auf verschiedene Kapitalausstattungen zurückgreifen und diese strategisch einsetzen. Sie befolgen dabei implizite Regeln, die ihren Handlungsspielraum eingrenzen (von Bourdieu „Habitus" genannt). Auch die Wissenschaft, als eigenständiges gesellschaftliches Funktionssystem mit einer systemeigenen Austauschlogik, ließe sich als Feld im Sinne von Bourdieu begreifen, auf dem Akteure um soziale Positionen (z. B. unbefristete Verträge, Berufungen oder Drittmittel) konkurrieren.

Wie gestaltet sich der Konkurrenzkampf? Was entscheidet über Positionen in einem Feld? Bourdieu unterscheidet hierzu drei Kapitalformen, die zusammen das gesamte Kapitalvolumen eines Akteurs ausmachen. Das sind: **ökonomisches Kapital** (z. B. Geld), **kulturelles Kapital** (Bildungs- und Handlungswissen) und **soziales Kapital** (gruppenbezogene Ressourcen/„gute Beziehungen"). Der kombinierte Einsatz dieser drei Kapitalformen dient der Erlangung **symbolischen Kapitals**, was Bourdieu Prestige oder soziale Macht nennt. Durch den kombinierten Kapiteleinsatz von Akteuren ergeben sich soziale Gefüge und Hierarchien.

Die dominanteste Kapitelform im wissenschaftlichen Kontext ist zweifelsohne das kulturelle Kapital, also Wissen. Im Wettbewerb um eine gute Position im akademischen Feld müssen Wissenschaftler ihr kulturelles Kapitel in Form von Wissen optimal einsetzen. Sie müssen, der Analogie der Reputationsökonomie folgend, ihr Wissen gegen Reputation eintauschen. Ökonomisches Kapital hat im akademischen Feld – wie auch die Ergebnisse zeigen – dagegen eine untergeordnete Bedeutung. Die Bedeutung sozialen Kapitals wird im negativen Sinne etwa am *Matthäus-Effekt* („Wer hat, dem wird gegeben"; Merton 1985) oder an Zitationskartellen ersichtlich. Die Hierarchie der Kapitalformen ist wissenschaftseigen. Zum Vergleich: Im Feld Politik ist soziales Kapital (z. B. in der Form von Beziehungen) wohl die wichtigere Kapitalform, in der Wirtschaft ist es ökonomisches Kapitel.

Bourdieu zufolge lassen sich drei Ausprägungen kulturellen Kapitals unterscheiden: **Inkorporiertes kulturelles Kapital** (z. B. Methoden- und Theoriekenntnisse), **objektiviertes kulturelles Kapital** (z. B. Buch, Artikel) und **institutionalisiertes Kapital** (z. B. Doktortitel). Freilich sind alle Formen des kulturellen Kapitals wichtig im Funktionssystem Wissenschaft. Ohne wenigstens Grundkenntnisse über die wissenschaftliche Arbeit, also inkorporiertes kulturelles Kapital, ist eine wissenschaftliche Karriere schwer vorstellbar. Ohne einen Doktortitel, also institutionalisiertes Kapital ist es schwierig eine ordentliche Professur zu bekommen. Es ist allerdings allein das objektivierte kulturelle Kapitel, zum Beispiel Wissensobjekte wie Artikel, Bücher, Daten oder Software, das von anderen Wissenschaftlern bewertet und bemessen werden kann. Diese Kapitalform entscheidet maßgeblich über Positionen auf dem Feld.

Die Wertbemessung von Wissensobjekten wiederum ist eine permanente soziale Verhandlung unter den Akteuren, die sich am wissenschaftlichen Diskurs orientiert. Luhmann nutzt zur Beschreibung des wissenschaftlichen Systems als Kommunikationsraum den Begriff der „sinnhafte[n]

Kommunikation" (1992, S. 117). Nur solche Kommunikation ergibt Sinn, die von anderen Akteuren verstanden wird und bewertet werden kann. Anders formuliert: Nur solche Handlungen sind für einen Wissenschaftler sinnvoll, die dazu beitragen, dass sich seine (soziale) Position im Feld festigt oder verbessert. Hinzu kommt, dass die wissenschaftliche Gemeinschaft selbst die zentrale Instanz bei der Bewertung der Wissensobjekte und damit entscheidend für den sozialen Status eines Wissenschaftlers ist (Weingart 2010). Diese institutionalisierte Autonomie gibt gewissermaßen den wissenschaftlichen Habitus vor.

Um in der Reputationsökonomie Wissenschaft eine gute Position zu ergattern, müssen Wissenschaftler ihr Wissen in Objekte übertragen, die von anderen Forschern bewertet werden können.

6.1.2 DER WERT VON DATEN

Forschungsdaten haben in der wissenschaftlichen Reputationsökonomie nur einen indirekten Wert. Sie sind als objektiviertes kulturelles Kapitel (z. B. Wissen über Erhebungs- und Aufbereitungsmethoden) zwar ein eigenes Wissensobjekt, erfüllen ihren Wert allerdings erst nach der Weiterverarbeitung zu Ergebniswissen, meist in Form der Artikelpublikation. Auch wenn die Bewertungsmaßstäbe disziplinär und institutionell variieren (z. B. in manchen Disziplinen oder Wissenschaftsräumen sind Konferenzbeiträge oder Patente wichtiger als Fachaufsätze oder Bücher), sind Ergebnispublikationen in Form von Artikeln das disziplinübergreifend wichtigste Wissensobjekt. Die Produktionslogik „Fachaufsatz" gibt dabei die Belohnungsmechanismen vor, die in der Form von Einstellungs-, Berufungs- und Evaluationskriterien institutionalisiert sind

(Wuchty et al. 2007). Anders als Daten haben sie einen Tauschwert; Daten dagegen sind als eine Investition in die Ergebnispublikation zu begreifen.

Die untergeordnete Rolle von Daten als „Rohstoff" für Artikelpublikationen spiegelt sich auch in den Befragungsergebnissen wider. Die meisten Wissenschaftler würden ihre Daten freiwillig erst nach der erschöpfenden Verwendung für eigene Artikel bereitstellen. Dass kaum Daten offengelegt werden, legt außerdem die Vermutung nahe, dass selbst der erwartete Reputationsgewinn nach der Ergebnispublikation (z. B. durch Datenzitationen) den Aufwand der Bereitstellung nicht rechtfertigt. Selektives Teilen von Daten könnte sich als eine „Investition" in das soziale Kapital beschreiben lassen: Von den Forschern, die Daten teilen, tun dies die meisten nur mit Forschern, die sie persönlich kennen.

In der wissenschaftlichen Reputationsökonomie haben Forschungsdaten nur einen mittelbaren Wert, der sich erst in der Ergebnispublikation offenbart. Die Grenze der Offenheit liegt in einem Anreizsystem, in dem Forschungsdaten kein eigenständiges wissenschaftliches Produkt darstellen.

6.1.3 KOLLABORATION IN DER REPUTATIONSÖKONOMIE

Die Hoffnung, die an die akademische Wissenschaft im digitalen Zeitalter geknüpft wird, ist die, dass sie offener, das heißt kollaborativer und überprüfbarer, wird (Nielsen 2012; Franzoni und Sauermann 2014). Die Offenlegung von Forschungsdaten erfüllt genau diese Erwartung. Sie entspricht einem modulareren Verständnis von Wissensproduktion, in dem Wissenschaftler bestehende Wissensobjekte – hier Daten – für neue Fragestellungen verwenden können und Ergebnisse überprüfbar sind.

Mit dieser idealisierten Offenheitserwartung gehen Organisationsmodelle einher, die Forschung im digitalen Zeitalter, jenseits institutioneller Grenzen, als einen dezentral und modular organisierten Produktionsprozess begreifen. Diese Form der Wissensproduktion lässt sich durchaus im Gegensatz zu industrieller, bürokratischer Arbeitsorganisation verstehen (Teece 1996). Davon zeugt Benkler und Nissenbaums (2006) Konzept der Commons-based-Peer-Production (übersezt „Allmendefertigung durch Gleichberechtigte"), das gemeinwohlorientierte Zusammenarbeit bei Open-Source-Software-Produkten oder bei der Online-Enzyklopädie Wikipedia beschreibt. Davon zeugen ebenso Nielsens (2010) Konzeption der vernetzten Wissenschaft oder Franzoni und Sauermanns (2014) Crowd Science. In diesen – beinahe geschenkökonomischen – Vorstellungen von wissenschaftlicher Kollaboration spiegeln sich die Prinzipien guter wissenschaftlicher Praxis, wie Mertons (1973) Kommunitarismus in Bezug auf den Zugang zu wissenschaftlichen Produkten wider. Sie begreifen Wissen als eine Allmende, die allen gehört und der Wissenschaftler allein verpflichtet sind. Dabei ist es eher der soziale Status, dem sich Wissenschaftler verpflichtet fühlen.

Dass zwar die meisten Forscher wissen, dass der offene Zugang zu Forschungsdaten dem wissenschaftlichen Fortschritt dient, aber nur äußerst wenige Daten tatsächlich offenlegen, widerspricht diesen Vorstellungen wissenschaftlicher Zusammenarbeit. Die derzeitige Situation ließe sich als soziales Dilemma (Hardin 1968) bezeichnen. Das individuell-rationale Handeln der beteiligten Akteure im System Wissenschaft führt zu einem Zustand, der die Wissenschaft insgesamt schlechter dastehen lässt als es bei anderen Handlungsweisen, in denen auf die Maximierung der individuellen Interessen verzichtet wird, der Fall wäre. Kollaboration, so ließe sich daraus schließen, findet nur dann statt, wenn es auch der eigenen Position im Feld zuträglich ist. Wenn durch die Offenlegung dagegen womöglich sogar ein individueller Reputationsnachteil entsteht, findet kein Datenaustausch (und damit keine Kollaboration) statt.

Offenheit ist insofern keine wissenschaftseigene und selbstverständliche Verhaltensweise; sie ist eine Strategie, die von den Wissenschaftlern hinsichtlich der systemeigenen Anreizmechanismen auf Nutzen geprüft wird. Deswegen ist es unmöglich eine flächendeckende Offenheit im Umgang mit Forschungsdaten – zu erreichen.

6.2 PRAKTISCHE IMPLIKATIONEN: EIN MARKT FÜR WISSENSCHAFTLICHE DATEN

Damit Einzelforscher mehr Daten produzieren, die wiederum in anderen Kontexten Verwendung finden, müsste ein **Markt für Forschungsdaten** entstehen. In einem Markt für Daten sollten Forscher Interesse daran haben, Daten offenzulegen, weil ihnen dadurch ein realer Mehrwert – in Form von Reputation – entsteht. Allein normative Strategien, zum Beispiel durch verpflichtende Veröffentlichungsrichtlinien, würden dazu führen, dass Daten zwar formal geteilt, aufgrund mangelhafter Datendokumentation allerdings nicht nachnutzbar sind (Friesike et al. 2015; Ioannidis 2005).

Forschungspolitische Maßnahmen sollten, im Sinne der Marktanalogie, darauf abzielen,

✓ den **Reputationsnutzen** für die Produktion, Bereitstellung und Nachnutzung hochwertiger Datensätze zu **erhöhen**,

✓ den **Aufwand der Bereitstellung** und (damit die Transaktionskosten) möglichst **gering** zu **halten**,

✓ Anreize für die **Produktion** und **Nachnutzung** zu schaffen,

✓ **Daten auffindbar** (Markttransparenz) **und nachnutzbar** zu machen und

✓ rechtliche **Unsicherheiten** zu **beseitigen**.

Das in Kapitel 4 (Abb. 5) aufgestellte Modell bietet bereits einen empirisch geprüften Ordnungsrahmen; die praktischen Implikationen des Datenaustauschs werden entsprechend den im Modell identifizierten Akteuren und Entitäten verortet.

6.2.1 WISSENSCHAFTLICHE ORGANISATIONEN: DATEN-GOVERNANCE

In einem Markt für Forschungsdaten haben wissenschaftliche Organisationen in erster Linie eine regulative Funktion (z. B. durch Richtlinien). Ihre Aufgabe besteht darin, die Transaktionskosten des Forschungsdatenaustausches niedrig zu halten. Eine weitere Aufgabe besteht in der Schaffung und Verwaltung der notwendigen Dateninfrastruktur und damit der technischen Umsetzung des (möglichst) offenen Zugangs zu wissenschaftlichen Primärdaten. Für wissenschaftliche Organisationen ist die Bereitstellung und Nachnutzung von Forschungsdaten eine Governance-Aufgabe.

FORSCHUNGSFÖRDERER

Förderung der Datenproduktion
Förderung von Forschung mit Sekundärdaten
Investitionen in die Dateninfrastruktur
Zertifizierung von Repositorien
Verpflichtende Offenlegung
Datenmanagementpläne bei Antragstellung
Datenmanagementrichtlinien

Durch die Förderung der Datenproduktion können Forschungsförderer Anreize schaffen, damit Forscher Datensätze erstellen, die konkretes Nachnutzungspotenzial haben. Denkbar sind eigene Förderlinien für die Datenproduktion oder die Integration eines „Verwertungskonzepts für Projektdaten"[72] in sämtliche Förderlinien. Die Förderung von Forschung mit Sekundärdaten kann Anreize zur Nutzung von bestehenden Datensätzen schaffen. Konkrete Maßnahmen wären die Förderung von Meta-Analysen und Replikationsstudien. Die Förderung von Sekundärdatenforschung könnte zudem in bestehende Förderlinien integriert werden, wie es das BMBF in der Förderlinie *Digitale Hochschulbildung* vorsieht.

✔ Anreize für Produktion und Nachnutzung

Investitionen in die Dateninfrastruktur (z. b. Verknüpfen bestehender Repositorien über Meta-Suchmaschinen für Daten) oder das Aufstellen von einheitlichen Ontologien reduzieren den Aufwand der Bereitstellung und erhöhen die Auffindbarkeit. Die DFG unterstützt Infrastrukturvor-

---

[72] in Anlehnung an das Verwertungskonzept bei BMBF-Anträgen

haben mit ihren Maßnahmen *Literaturversorgung- und Informationssysteme* (LIS) und *Wissenschaftliche Geräte- und Informationstechnik.* Im Sinne der Nachhaltigkeit der Infrastrukturförderung und zur besseren Nutzung des öffentlichen Wertschöpfungspotenzials müsste zudem eine Prüfung des Geschäftsmodells (Verstetigungsmodelle) erfolgen.

✓ geringerer Bereitstellungsaufwand ✓ Auffindbarkeit und Nachnutzbarkeit

Die Zertifizierung von Repositorien (im Sinne eines „Repositoriums-TÜVs") würde Forschern eine Orientierung bei ihrem Datenmanagement geben. Die Ergebnisse der Befragung zeigen, dass nur wenige wissen, wo und wie sie Daten bereitstellen. Die Registrierungsagentur für Sozial- und Wirtschaftsdaten da|ra[73] versucht eine solche Zertifizierung mit dem *Data Seal of Approval* bereit zu stellen.

✓ Auffindbarkeit und Nachnutzbarkeit ✓ Beseitigung rechtlicher Unsicherheiten

Wie die Ergebnisse der Befragung zeigen, haben Forscher keine Bedenken ihre Daten offenzulegen; lediglich besteht der Wunsch zuvor auf Basis der Daten zu publizieren. Denkbar wäre daher eine verpflichtende Veröffentlichung nach Ablauf einer Embargofrist, die sich lediglich an der Erstveröffentlichung orientiert.

✓ erhöhter Reputationsnutzen ✓ Auffindbarkeit und Nachnutzbarkeit

---

[73] da|ra ist eine internationale Initiative zur Unterstützung des Zugangs zu Forschungsdaten unter der Leitung von GESIS, dem Leibniz-Institut für Sozialwissenschaften und der ZBW – Leibniz-Informationszentrum Wirtschaft den DOI-Registrierungsservice für Sozial- und Wirtschaftsdaten.

Datenmanagementpläne bei der Antragstellung würden auf Seiten der Primärforscher Bewusstsein für Datendokumentation schaffen und vor allem die Nachnutzung erleichtern. Eine Governance-Aufgabe entsteht für Forschungsförderer bei der Evaluation solcher Datenmanagementpläne. Für das Datenmanagement müssten gegebenenfalls zusätzliche Mittel bereitgestellt werden, wie es die DFG bereits vorsieht.

✓ Auffindbarkeit und Nachnutzbarkeit

Datenmanagementrichtlinien können eine Vorbildfunktion für wissenschaftliche Einrichtungen haben. In Europa (z. B. Horizon 2020), den USA (z. B. NSF 2012) und Großbritannien (z. B. RCUK 2011) wurden Richtlinien prominenter Förderer bereits von anderen Wissenschaftsorganisationen adaptiert. In Deutschland sind hier die *Richtlinien zum Umgang mit Forschungsdaten in der Biodiversitätsforschung* der DFG (2015) oder die *Grundsätze zum Umgang mit Forschungsdaten* der *Schwerpunktinitiative „Digitale Information"* der *Allianz der deutschen Wissenschaftsorganisationen* (2010) zu nennen.

✓ geringerer Bereitstellungsaufwand

FACHZEITSCHRIFTEN

Verpflichtende Datenveröffentlichung
Erhöhte Publizierbarkeit von Replikationsstudien
Sonderausgaben
Datenjournale

Die Aufgabe der Fachzeitschriften muss es sein, die zugrundeliegenden Forschungsdaten von veröffentlichten Ergebnissen auffindbar nachnutzbar zu machen und somit zur Markttransparenz beizutragen. Eine verpflichtende Datenveröffentlichung bei Ergebnispublikationen würde die Replizierbarkeit der Ergebnisse erhöhen (Nature 2014). Konsequenterweise müsste die Review sich damit nicht nur auf den Artikel, sondern auch auf die Datendokumentation beziehen. Ein Beispiel für eine solche Initiative ist die Joint Data Archiving Policy, die auf einen Zusammenschluss verschiedener (vor allem Open-Access-) Verlage aus der biomedizinischen Forschung zurückgeht.

✓ Auffindbarkeit und Nachnutzbarkeit ✓ erhöhter Reputationsnutzen

Durch die Erhöhung der Publizierbarkeit von Replikationsstudien würden Anreize für Forscher geschaffen, Daten für Replikationsstudien nachzunutzen. In Zeiten von E-Journals und Mega-Journals wie PLOS ONE ist das Argument der beschränkten Seitenzahl ohnehin hinfällig.

✓ erhöhter Reputationsnutzen

Durch Sonderausgaben zu den Themen Forschungsdatenaustausch und Replizierbarkeit können disziplinäre Fachzeitschriften ein Bewusstsein für die Nachnutzung von Forschungsdaten schaffen. Die Spitzenzeitschriften Nature und Science hatten jeweils 2009 eine Spezialausgabe zu Data Sharing (Nature 2009) und 2011 eine zum Thema Replizierbarkeit (Science 2011).

✓ Auffindbarkeit und Nachnutzbarkeit

Durch die Gründung von Datenzeitschriften würde ein Marktplatz für Forschungsdaten geschaffen werden. Ein Beispiel für ein solches Datenjournal ist *Scientific Data*, ein Ableger der Zeitschrift *Nature*. Denkbar ist auch die Gründung nicht-kommerzieller öffentlicher Datenjournale.[74]

✓ Auffindbarkeit und Nachnutzbarkeit ✓ erhöhter Reputationsnutzen

FORSCHUNGSEINRICHTUNGEN

Schulungen und Weiterbildungen
Datenmanagementservices
Einstellungs- und Berufungskriterien

Durch Schulungen und Weiterbildungen für Wissenschaftler im Bereich Datenmanagement können Forschungseinrichtungen organisationsinterne Kompetenzen aufbauen und damit die eigene Organisationsintelligenz steigern.

✓ Auffindbarkeit und Nachnutzbarkeit ✓ Beseitigung rechtlicher Unsicherheiten

Datenmanagementservices würden den Aufwand der Bereitstellung für den Forscher reduzieren und eine Maßnahme der internen Qualitätssicherung darstellen. Derartige Services könnten das Aufgabenspektrum von institutionellen Bibliotheken erweitern (Wagner 2011).

✓ Auffindbarkeit und Nachnutzbarkeit ✓ Beseitigung rechtlicher Unsicherheiten

[74] Fraglich ist allerdings, weshalb ein „neues" Produkt wie Daten erst in ein etabliertes Produkt, nämlich Artikel übersetzt werden muss, damit es eine Wertigkeit erfährt.

Wissenschaftliche Einrichtungen könnten Kenntnisse im Datenmanagement sowie erfolgreiche Datenpublikationen (z. B. gemessen anhand der Zitationen) als Einstellungs- und Berufungskriterien definieren.

✔ erhöhter Reputationsnutzen

6.2.2 FORSCHUNGSGEMEINSCHAFT: COMMUNITY OF PRACTICE

Lehr- und berufliche Weiterbildungsangebote
Replikationsstudien
Data-Awards
Dokumentationsstandards
Evaluationen

In einem Markt für Forschungsdaten ist die wissenschaftliche Community der kulturelle und soziale Bezugsrahmen für den Forschungsdatenaustausch („community of practice"), in der neue Praktiken zunächst kulturell verankert werden müssen.

Fachgesellschaften können durch berufliche Weiterbildungsangebote die Datenmanagementkenntnisse erhöhen. Ein besonderes Potenzial stellt die Integration von Replikationsstudien in die Lehre empirisch dar. Replikationsstudien würden als Teil kumulativer Dissertationen einen Beitrag zur gesamtwissenschaftlichen Integrität leisten.

✔ Auffindbarkeit und Nachnutzbarkeit

Großangelegte Replikationsstudien können als Bestandsaufnahmen der disziplinspezifischen Replizierbarkeit dienen. In der Psychologie haben derartige Studien (z. B. Open Science Collaboration 2015) zur Einführung der sogenannten *Pre-Registrierung* geführt. Fachzeitschriften müssen

Studien vor der Durchführung bewerten und abnehmen, womit die Gefahr des sogenannten *p-hackings*[75] reduziert wird (Gonzales und Cunningham 2015).

✔ erhöhter Reputationsnutzen

Fachgesellschaften können durch Data-Awards besonders gute (d. h. viel genutzte) Datensätze prämieren. Dies würde dem Problem der fehlenden formalen Anerkennung für die Bereitstellung von Forschungsdaten entgegenwirken. *Research Data Netherlands,* eine Allianz von niederländischen Forschungsförderern und Infrastruktureinrichtungen, schreibt jährlich bereits beispielsweise einen mit 5000 Euro dotierten Preis für den besten Datensatz aus verschiedenen Disziplinen aus (RDNL 2015).

✔ erhöhter Reputationsnutzen

Fachgesellschaften können Dokumentationsstandards setzen. Standardisierte Metadatenbeschreibungen würden einen Beitrag zur Nachnutzbarkeit und Auffindbarkeit von Daten leisten. Würde das Nicht-Einhalten der Dokumentationsstandards dazu führen, dass Ergebnisse, die auf Basis unzureichend dokumentierter Daten entstanden sind, nicht publizierbar wären (wie das in den Naturwissenschaften bei fehlenden Laborprotokollen der Fall ist), wären die Kosten für Nicht-Dokumentation so hoch, dass der Reputationsmarkt für ordentliche Dokumentationen sorgen würde.

✔ Auffindbarkeit und Nachnutzbarkeit

---

[75] P-Hacking bezeichnet das Suchen beziehungsweise Konstruieren von Signifikanzen ohne zugrundeliegende Hypothesen.

Bei Evaluationen von Instituten in Forschungsgemeinschaften (z. B. das Evaluationsverfahren der Leibniz-Gemeinschaft) könnte Forschungsdatenmanagement als Kriterium aufgenommen werden. Somit würden institutionelle Anreize geschaffen, die im Haus gewonnenen Forschungsdaten der wissenschaftlichen Gemeinschaft zur Verfügung zu stellen.

✔ Auffindbarkeit und Nachnutzbarkeit ✔ erhöhter Reputationsnutzen

6.2.3 RECHTLICHER RAHMEN: REDUKTION VON UNSICHERHEITEN

Datenschutz- und Urheberrechtsharmonisierung
Förderung von Forschung mit Sekundärdaten
Investitionen in die Dateninfrastruktur

Dem Gesetzgeber kommt in einem Markt für Forschungsdaten in erster Linie eine regulative Rolle zu. Fördernd im Hinblick auf die Bereitstellung und Nachnutzung von Forschungsdaten kann nationale Gesetzgebung durch die Reduktion von Transaktionskosten, das heißt die Beseitigung rechtlicher Unsicherheiten, wirken.[76]

Zu nennen sind hier europäische Datenschutz- und Urheberrechtsharmonisierungsbestrebungen, die eine gegenseitige Angleichung der innerstaatlichen Rechts- und Verwaltungsvorschriften der Mitgliedstaaten vorsehen. Grundlegend für eine Harmonisierung der nationalen Rechtsordnungen ist das Prinzip der Inländergleichbehandlung, wonach

[76] Dank an Johanna Schurr (Leibniz-Gemeinschaft) für die Einschätzung der rechtlichen Implikationen.

ein Mitgliedstaat Personen aus anderen Mitgliedstaaten die gleichen Rechte gewähren muss, die er auch den eigenen Staatsangehörigen zugesteht. Durch die gesetzliche Festlegung allgemeiner Mindestrechte sollen in der Regel insbesondere die Interessen des Rechteinhabers geschützt werden.

✓ Beseitigung rechtlicher Unsicherheiten

Als ausschließliches Recht eines Urhebers an seinem Werk, schützt das Urheberrecht die Persönlichkeitsrechte des Autors wie dessen Recht auf Veröffentlichung, die Anerkennung seiner Urheberschaft und vor einer Entstellung seines Werkes. Das Urheberrecht sichert daneben die Verwertungsrechte eines Urhebers (z. B. Vervielfältigung oder Vermarktung). Letzteres ist im Kontext der mit der Offenlegung von Forschungsdaten implizierten Weitergabe von Daten von Bedeutung. In Deutschland finden sich die entsprechenden Regelungen im Urheberrechtsgesetz (UrhG). Danach sind Werke geschützt, wenn diese die Schutzvoraussetzungen einer „kreativen Schöpfungshöhe" erfüllen. Im deutschen Rechtskontext trifft dies für Forschungsdaten in der Regel nicht zu; im internationalen Kontext, zum Beispiel Großbritannien und den Vereinigten Staaten, bisweilen schon (de Cock Buning et al. 2011). Im Hinblick auf internationale Kollaborationen und zur Vermeidung rechtlicher Unsicherheiten im Umgang mit Forschungsdaten, sollte im Falle von Forschungsdaten die Vergabe von zusätzlichen Nutzungsrechten (z. B. durch Creative-Commons-Lizenzen) in Betracht gezogen werden (Klimpel und Weitzmann 2015; Lehmberg et al. 2007).

✓ Beseitigung rechtlicher Unsicherheiten

6.2.4 DATENINFRASTRUKTUR: MARKTPLATZ FÜR DATEN

Zitierbarkeit von Daten
Nutzerfreundlichkeit
Datenqualität und –sicherheit

In einem Markt für Forschungsdaten kommt der Dateninfrastruktur die vermittelnde Rolle zwischen Produzent und Nachfrager zu. Sie ist der **Marktplatz für Daten**, auf den der Tausch mittels Reputationswährungen (z. B. Zitationen) abgewickelt wird.

Für einen Forscher ist die Hauptmotivation, Daten offenzulegen die Zitation. Repositorien müssen daher durch die Abfrage von Metadaten die Zitierbarkeit von Daten gewährleisten. Die Vergabe persistenter Identifikatoren erleichtert dem Nachnutzer zudem die Verwaltung von Datensätzen. In einer „Perspective" im *New England Journal of Medicine*, warnen Merson et al. (2016, S. 2414) eindringlich vor „Data Dumpsters". Damit meinen sie Repositorien, die kaum oder keine Metadatenbeschreibung beziehungsweise Datendokumentation verlangen.

✔ Auffindbarkeit und Nachnutzbarkeit

Um die Kosten der Bereitstellung und Nutzung von Forschungsdaten niedrig zu halten, müssen Repositorien die Nutzerfreundlichkeit gewährleisten. Auf Seite des Bereitstellers kann dies durch klare Metadatenabfragen, einer Dokumentation der Nachnutzung und gemeinsame Projektverwaltung geschehen; auf Seite des Nachnutzers durch die Verwendung klarer Lizenzmodelle (z. B. Creative Commons) und Suchfunktionen – auch solche, die auf Daten anderer Repositorien zugreifen.

✓ geringerer Bereitstellungsaufwand ✓ Auffindbarkeit und Nachnutzbarkeit

Repositorien müssen die Datenqualität und -sicherheit der archivierten Daten sicherstellen und damit die Transaktionssicherheit gewährleisten. Die Datenqualität kann durch kuratorische Leistungen, technischen Support und der Verwendung von Minimalstandards bei der Datendokumentation gewährleistet werden. Die Datensicherheit kann durch Registrierungs- und Anonymisierungsverfahren (z. B. durch Aggregation, Top Coding, Entfernen einzelner Variablen) geschehen (siehe Kapitel 4.3.5).

✓ Auffindbarkeit und Nachnutzbarkeit

6.2.5 DATENPRODUZENTEN: AUFWAND UND NUTZEN

Datenzitation
Nachvollziehbare Dokumentation
Einheitliche Lizenzmodelle

Der Produzent (Anbieter) muss seine Daten dem potenziellen Nachnutzer (Abnehmer) öffentlich anbieten.

Wenn ein Nachnutzer einen Datensatz verwendet, erfährt der Produzent durch die Datenzitation einen direkten Reputationsnutzen. Der Nachnutzer erfährt indirekt, durch eine auf den Daten basierende Publikation, einen Reputationsnutzen. Denkbar wäre hier eine Datenzitation, für die vorrangig von Fördermittelgebern und Fachgesellschaften, Normen und gegebenenfalls Richtlinien entwickelt werden (die DOI-Vergabe ist ein erster Schritt).

✓ erhöhter Reputationsnutzen

Ein Hauptproblem bei der Nachnutzung archivierter Datensätze ist die mangelhafte Datenzitation, für Forscher das wichtigste Kriterium der Nachnutzung. Forscher befürchten bei der Bereitstellung ihrer Daten die fehlerhafte Interpretation ihrer Daten (siehe Kapitel 4.3.6). Durch die Verwendung von Dokumentationsstandards (z. B. DDI für die Sozialwissenschaften) können Datenproduzenten der fehlerhaften Interpretation vorbeugen und die Nachnutzung motivieren. Die lückenlose Dokumentation kann als Bestandteil *guter wissenschaftlicher Praxis* zu der Sorgfaltspflicht eines Forschers gezählt werden und dem Nachwuchs, spätestens in der Promotionsphase, gelehrt werden.

✓ Auffindbarkeit und Nachnutzbarkeit ✓ erhöhter Reputationsnutzen

Durch die Verwendung einheitlicher Lizenzmodelle zur Regelung der Nachnutzung und Attribuierung können Datenproduzenten Transaktionskosten in Form rechtlicher Unsicherheiten vermeiden. Datenproduzenten können eine Datenzitation verlangen („Vertragssicherheit") und, je nach Lizenzmodell, eine Folgehaftung ausschließen. Es empfiehlt sich, Datenproduzenten einheitliche Lizenzmodelle für ihre Daten bei der Bereitstellung auf einem Repositorium anzubieten.

✓ Beseitigung rechtlicher Unsicherheiten

7 EINE QWERTY-WELT

Mit der Bezeichnung „research parasites" für Wissenschaftler, die Daten anderer Wissenschaftler nutzen, illustrieren die eingangs erwähnten Longo und Drazen (2016) welch geringen Stellenwert die Verfügbarmachung und Nachnutzung von Daten in der akademischen Forschung noch immer hat. Das Phänomen der Digitalisierung ist damit untrennbar verbunden, aber nicht der einzig entscheidende Faktor. Es scheitert schließlich weniger an der technischen Möglichkeit, Daten aus der sogenannten small science offenzulegen, sondern daran, dass es für solche Daten (noch) keinen Markt gibt. Daten können (momentan) nicht in Reputation eingetauscht werden. Um dieses Problem zu lösen, fordern Longo und Drazen, dass ein Forscher, dessen Daten von einem anderen Forscher genutzt werden, dafür eine Mitautorenschaft erhält.

Intuitiv ist diese auch Forderung auch im Sinne einer Reputationsökonomie richtig, gibt sie doch dem Primärforscher eine formale Anerkennung, wie sie eine aufwendige Tätigkeit wie die Datenerhebung und -Aufbereitung auch verdienen würde (Allen et al. 2014). In der Praxis ist diese Forderung problematisch. Warum sollte man einen Wissenschaftler, den man mit den Daten falsifiziert, als Mitautoren nennen? Und haben Produzenten guter Datensätze ein Interesse daran, Autoren

© Springer Fachmedien Wiesbaden GmbH, ein Teil von Springer Nature 2018
B. Fecher, *Eine Reputationsökonomie*,
https://doi.org/10.1007/978-3-658-20895-0_7

mittelmäßgier Artikel zu sein, die damit geschrieben werden? Bei Meta-Analysen, die teilweise auf mehreren hundert Datensätzen beruhen, wäre die Nennung aller Datenproduzenten als Autoren sogar ethisch fragwürdig (Fecher und Wagner 2016). Interessant ist diese Forderung dennoch, denn sie zeigt, wie die akademische Forschung in einer „Artikelkultur" verhaftet ist, während sich um sie herum die Welt ändert.

Warum ist die akademische Forschung dem Artikel so verhaftet? Eine Erklärung dafür, weshalb die Wissenschaft einen neuen, offeneren Produktionsmodus, wie ihn auch Wissenschaftstheoretiker wie Nielsen (2012) oder Franzoni und Sauermann (2014) herbei sehnen, noch nicht adaptiert, liefert das Konzept der Pfadabhängigkeit. Das sozialwissenschaftliche Konzept der Pfadabhängigkeit besagt, dass die Entscheidungsmöglichkeiten in der Gegenwart von Entscheidungen in der Vergangenheit eingegrenzt werden, obwohl die Gründe für diese vergangenen Entscheidungen in der Gegenwart nicht mehr relevant sind.

Ein typisches Beispiel ist die Erfindung der Schreibmaschine. Einer ihrer Erfinder, Christopher Latham Scholes, tüftelte in den 1870er Jahren an einer Tastatur, wobei sich die Typenheben dauernd ineinander verhakten. Schließlich gelangte er zu der QWERTY-Folge, bei der die meistgenutzten Typenhebel möglichst weit voneinander auf der Tastatur entfernt lagen. Als später bessere Schreibmaschinen auf den Markt kamen, mit denen man durch eine intuitivere Tastenkombination bis zu 40 Prozent schneller tippen konnte, war QWERTY längst der Standard, wodurch sich die effizienteren Schreibmaschinen trotz ihrer nachgewiesenen Vorteile nicht durchsetzen konnten. Deshalb schreiben wir – in einer

Zeit, in der sich keine Typenhebel mehr verhaken können – mit einem Keyboard, das immer noch einer mechanischen Logik folgt.

Die Wissenschaft ist in Teilen auch eine solche QWERTY-Welt. Seit der Gründung der ersten Fachzeitschrift, den *Philosophical Transactions of the Royal Society* im Jahre 1665, ist der Fachartikel noch immer die dominante Kulturtechnik, um wissenschaftliche Kenntnisse zu vermitteln. Dessen Berechtigung als *die* wissenschafltiche Produktionslogik (Weingart 2010) ist auch deshalb ein Stück weit in Frage zu stellen, da von den weltweit produzierten Publikationen tatsächlich nur ein Bruchteil gelesen wird. Obwohl es heute neue, ebenso relevante Wissensobjekte gibt, die durch den Einsatz digitaler Technologien in einer Reputationsökonomie wie der Wissenschaft getauscht werden könnten (z. B. Daten oder Software), ist es immer noch der Artikel, der das Anschlagstempo der akademischen Wissensproduktion vorgibt. So wie unsere Art zu schreiben pfadabhängig ist, ist es auch das wissenschaftliche Anreizsystem.

Hinzu kommt, dass ab den 70er Jahren mit der Auslagerung der Fachzeitschriften eine zusätzliche Abhängigkeit von Verlagen geschaffen wurde, die den Akademien heute teuer zu stehen kommt: Als die EU verkündete, dass ab 2020 alle Ergebnisse öffentlich finanzierter Forschung gemäß Open Access veröffentlicht sein sollen, dann war damit vorrangig der Umstieg auf ein sogenanntes goldenes Open-Access-Modell gemeint. Hierbei erhalten die Verlage Geld, damit diese die Artikel für alle online kostenlos anbieten. Es sind diese Kommerzialisierungstendenzen, die den Historiker Philipp Mirowski dazu bringen, bei Open Science von einem neoliberalen Projekt zu sprechen (2011). Mirowskis Einschätzung ist für den Markt für Publikationen ein stückweit richtig, wenn man bedenkt, dass durch goldene Open-Access-Modelle die traditionelle Abhängigkeit von kommerziellen Verlagen ins digitale Zeitalter geradezu reproduziert wird.

Bei Forschungsdaten hat sich eine Abhängigkeit von kommerziellen Infrastrukturen noch nicht institutionalisiert. Hier erlaubt es die Digitalisierung den Akademien, eine eigene Infrastruktur für einen Markt für Forschungsdaten zu schaffen und damit ein Stück ihrer selbstverständlichen Autonomie zurückzugewinnen. Der schwierigere Schritt besteht darin, den Artikel als letztgültiges publizierbares Wissensprodukt aus den Köpfen der Wissenschaftler zu bringen und Anerkennungsmechanismen für Tätigkeiten und Produkte zu schaffen, die einen ebenso hohen gesellschaftlichen Wert haben. Dazu gehören Daten.

VERZEICHNISSE

LITERATURVERZEICHNIS

Acord, S. K., & Harley, D. (2013). Credit, time, and personality: The human challenges to sharing scholarly work using Web 2.0. *New Media & Society, 15*(3), 379–397. http://doi.org/10.1177/1461444812465140

Ahmed, I., Sutton, A. J., & Riley, R. D. (2012). Assessment of publication bias, selection bias, and unavailable data in meta-analyses using individual participant data: a database survey. *BMJ, 344*(jan03 1), d7762–d7762. http://doi.org/10.1136/bmj.d7762

Alam, S. et al. (2015). The eleventh and twelfth data release of the Sloan Digital Sky Survey: Final data from SDSS-III. *The Astrophysical Journal Supplement Series, 219*(1), 12. http://doi.org/10.1088/0067-0049/219/1/12

Albert, H. (2012). Scientists encourage genetic data sharing. *Springer Healthcare News, 1*(1), 1–2. http://doi.org/10.1007/s40014-012-1434-z

Allen, L., Scott, J., Brand, A., Hlava, M., & Altman, M. (2014). Publishing: Credit where credit is due. *Nature, 508*(7496), 312–313. http://doi.org/10.1038/508312a

Allianz der deutschen Wissenschaftsorganisationen. (2010). *Grundsätze zum Umgang mit Forschungsdaten*. Berlin. Abgerufen von http://www.ratswd.de/download/RatSWD_WP_2010/RatSWD_WP_156.pdf

AlQuraishi, M., & Sorger, P. K. (2016). Reproducibility will only come with data liberation. *Science Translational Medicine, 8*(339), 339ed7-339ed7. http://doi.org/10.1126/scitranslmed.aaf0968

Alsheikh-Ali, A. A., Qureshi, W., Al-Mallah, M. H., & Ioannidis, J. P. A. (2011). Public availability of published research data in high-impact journals. *PloS One, 6*(9), e24357. http://doi.org/10.1371/journal.pone.0024357

© Springer Fachmedien Wiesbaden GmbH, ein Teil von Springer Nature 2018
B. Fecher, *Eine Reputationsökonomie*,
https://doi.org/10.1007/978-3-658-20895-0

Anagnostou, P., Capocasa, M., Milia, N., & Bisol, G. D. (2013). Research data sharing: Lessons from forensic genetics. *Forensic Science International: Genetics, 7*(6), e117–e119. http://doi.org/10.1016/j.fsigen.2013.07.012

Anderson, C. J. et al. (2016). Response to Comment on „Estimating the reproducibility of psychological science". *Science, 351*(6277), 1037–1037. http://doi.org/10.1126/science.aad9163

Anderson, J. R., & Schonfeld, T. L. (2009). Data-sharing dilemmas: allowing pharmaceutical company access to research data. *IRB Ethics and Human Research, 31*(3), 17–19.

Andreoli-Versbach, P., & Mueller-Langer, F. (2014). Open access to data: An ideal professed but not practised. *Research Policy, 43*(9), 1621–1633. http://doi.org/10.1016/j.respol.2014.04.008

Austin, C., Brown, S., Fong, N., Humphrey, C., Leahey, A., & Webster, P. (2015). Research Data Repositories: Review of current features, gap analysis, and recommendations for minimum requirements. *IASSIST Quarterly*. Abgerufen von http://www.rdc-drc.ca/wp-content/uploads/Review-of-Research-Data-Repositories-2015.pdf

Axelsson, A.-S., & Schroeder, R. (2009). Making it Open and Keeping it Safe: e-Enabled Data-Sharing in Sweden. *Acta Sociologica, 52*(3), 213–226. http://doi.org/10.1177/0001699309339799

Bandilla, W. (1999). WWW-Umfragen - eine alternative Datenerhebungstechnik für die empirische Sozialforschung? In *Online Research* (S. 9–20). Göttingen: Hogrefe.

Begley, C. G., & Ellis, L. M. (2012). Drug development: Raise standards for preclinical cancer research. *Nature, 483*(7391), 531–533. http://doi.org/10.1038/483531a

Belmonte, M. K. et al. (2008). Offering to share: how to put heads together in autism neuroimaging. *Journal of Autism and Developmental Disorders, 38*(1), 2–13. http://doi.org/10.1007/s10803-006-0352-2

Benkler, Y., & Nissenbaum, H. (2006). Commons-based Peer Production and Virtue. *Journal of Political Philosophy, 14*(4), 394–419. http://doi.org/10.1111/j.1467-9760.2006.00235.x

Berliner Erklärung. (2003). *Berlin Declaration on Open Access to Knowledge in the Sciences and Humanities*. Abgerufen von http://openaccess.mpg.de/67605/berlin_declaration_engl.pdf

Berners-Lee, T., & Fischetti, M. (1999). *Weaving the Web: the original design and ultimate destiny of the World Wide Web by its inventor* (1st ed). San Francisco: HarperSanFrancisco.

Berryman, S. E. (1983). *Who will do science? : minority and female attainment of science and mathematics degrees: trends and causes* (Special Report (Rockefeller Foundation)). New York: Rockefeller Foundation.

Bethesda Statement. (2003). Bethesda Statement on Open Access Publishing. Abgerufen von http://legacy.earlham.edu/~peters/fos/bethesda.htm

Bezuidenhout, L. (2013). Data Sharing and Dual-Use Issues. *Science and Engineering Ethics, 19*(1), 83–92. http://doi.org/10.1007/s11948-011-9298-7

Bierer, B. E., Li, R., Barnes, M., & Sim, I. (2016). A Global, Neutral Platform for Sharing Trial Data. *New England Journal of Medicine.* http://doi.org/10.1056/NEJMp1605348

Birney, E. et al. (2009). Prepublication data sharing. *Nature, 461*(7261), 168–170. http://doi.org/10.1038/461168a

Blasius, J., & Brandt, M. (2009). Repräsentativität in Online-Befragungen. In M. Weichbold, J. Bacher, & C. Wolf (Hrsg.), *Umfrageforschung* (S. 157–177). Wiesbaden: VS Verlag für Sozialwissenschaften. Abgerufen von http://link.springer.com/10.1007/978-3-531-91852-5_8

Blettner, M., Sauerbrei, W., Schlehofer, B., Scheuchenpflug, T., & Friedenreich, C. (1999). Traditional reviews, meta-analyses and pooled analyses in epidemiology. *International Journal of Epidemiology, 28*(1–9). Abgerufen von http://ije.oxfordjournals.org/content/28/1/1.full.pdf

BMWi. (2014). *Digitale Agenda 2014 - 2017.* München. Abgerufen von http://www.bmwi.de/BMWi/Redaktion/PDF/Publikationen/digitale-agenda-2014-2017,property=pdf,bereich=bmwi2012,sprache=de,rwb=true.pdf

Boekel, W., Wagenmakers, E.-J., Belay, L., Verhagen, J., Brown, S., & Forstmann, B. U. (2015). A purely confirmatory replication study of structural brain-behavior correlations. *Cortex, 66*, 115–133. http://doi.org/10.1016/j.cortex.2014.11.019

Booth, A., Papaioannou, D., & Sutton, A. (2012). *Systematic approaches to a successful literature review.* Los Angeles ; Thousand Oaks, Calif: Sage.

Borgman C.L. 2007. Scholarship in the Digital Age: Information, Infrastructure, and the Internet. Cambridge, MA: MIT Press.

Borgman, C. L. (2012). The conundrum of sharing research data. *Journal of the American Society for Information Science and Technology, 63*(6), 1059–1078. http://doi.org/10.1002/asi.22634

Bourdieu, P. (2010). *Homo academicus.* (B. Schwibs, Übers.) (5. Aufl., [Nachdr.]). Frankfurt am Main: Suhrkamp.

Bourdieu, Pierre. (1983). Ökonomisches Kapitel, kulturelles Kapital, soziales Kapital. In Kreckel, Reinhard (Hrsg.), *Soziale Ungleichheiten. Soziale Welt Sonderband 2* (Bd. 2, S. 183–198). Göttingen. Abgerufen von http://unirot.blogsport.de/images/bourdieukapital.pdf

Brakewood, B., & Poldrack, R. A. (2013). The ethics of secondary data analysis: considering the application of Belmont principles to the sharing of neuroimaging data. *NeuroImage, 82*, 671–676. http://doi.org/10.1016/j.neuroimage.2013.02.040

Breeze, J. L., Poline, J.-B., & Kennedy, D. N. (2012). Data sharing and publishing in the field of neuroimaging. *GigaScience, 1*(1), 9. http://doi.org/10.1186/2047-217X-1-9

Brewer, J., & Hunter, A. (2006). *Foundations of multimethod research: synthesizing styles.* Thousand Oaks, Calif.: Sage Publications.

Brody, T. D. (2006, Mai). *Evaluating research impact through open access to scholarly communication* (PhD Thesis). University of Southampton, Southampton. Abgerufen von http://eprints.soton.ac.uk/263313/1.hasCoversheetVersion/brody.pdf

Budapester Initiative. (2002, Februar 14). Budapest Open Access Initiative. Abgerufen von http://www.budapestopenaccessinitiative.org/

Bühler-Niederberger, D. (1985). Analytische Induktion als Verfahren qualitativer Methodologie. *Zeitschrift für Soziologie, 14*(6), 475–485.

Butler, D. (2007). Data sharing: the next generation. *Nature, 446*(7131), 10–11. http://doi.org/10.1038/446010b

Cahill, J. M., & Passamano, J. A. (2007). Full Disclosure Matters. *Near Eastern Archaeology, 70*(4), 194–196.

Camerer, C. F. et al. (2016). Evaluating replicability of laboratory experiments in economics. *Science.* http://doi.org/10.1126/science.aaf0918

Campbell, E. G. et al. (2002). Data Withholding in Academic Genetics: Evidence From a National Survey. *JAMA, 287*(4), 473–480. http://doi.org/10.1001/jama.287.4.473

Carlson, S., & Anderson, B. (2007). What *Are* Data? The Many Kinds of Data and Their Implications for Data Re-Use. *Journal of Computer-Mediated Communication, 12*(2), 635–651. http://doi.org/10.1111/j.1083-6101.2007.00342.x

CENS. (2015, November 11). CENS: Embedding the Physical World. Abgerufen von http://www.cens.ucla.edu/about/

Chandramohan, D. et al. (2008). Should data from demographic surveillance systems be made more widely available to researchers? *PLoS Medicine, 5*(2), e57. http://doi.org/10.1371/journal.pmed.0050057

Chang, A. C., Board of Governors of the Federal Reserve System, & Li, P. (2015). Is Economics Research Replicable? Sixty Published Papers from Thirteen Journals Say „Usually Not". *Finance and Economics Discussion Series, 2015*(83), 1–26. http://doi.org/10.17016/FEDS.2015.083

Charmaz, K. (2006). *Constructing Grounded Theory: A Practical Guide Through Qualitative Analysis*. London ; Thousand Oaks, Calif: Sage Publications.

Chesbrough, H. W. (2003). *Open innovation: the new imperative for creating and profiting from technology*. Boston, Mass: Harvard Business School Press.

Chirigati, F., Capone, R., Rampin, R., Freire, J., & Shasha, D. (2016). A collaborative approach to computational reproducibility. *Information Systems, 59*, 95–97. http://doi.org/10.1016/j.is.2016.03.002

Cho, A. (2016). Gravitational waves, Einstein's ripples in spacetime, spotted for first time. *Science*. http://doi.org/10.1126/science.aaf4041

Chokshi, D., Parker, M., & Kwiatkowski, D. P. (2006). Data sharing and intellectual property in a genomic epidemiology network: policies for large-scale research collaboration. *Bulletin of the World Health Organization, 84*(5), 382–387. http://doi.org/10.2471/BLT.06.029843

Cochrane Collaboration. (2008). *Cochrane handbook for systematic reviews of interventions*. (J. P. T. Higgins & S. Green, Hrsg.). Chichester, England ; Hoboken, NJ: Wiley-Blackwell.

Cohn, J. P. (2012). DataONE Opens Doors to Scientists across Disciplines. *BioScience, 62*(11), 1004. http://doi.org/10.1525/bio.2012.62.11.16

Collins, F. S., Morgan, M., & Patrinos, A. (2003). The Human Genome Project: Lessons from Large-Scale Biology. *Science, 300*(5617), 286–290. http://doi.org/10.1126/science.1084564

Constable, H., Guralnick, R., Wieczorek, J., Spencer, C., Peterson, A. T., & VertNet Steering Committee. (2010). VertNet: a new model for biodiversity data sharing. *PLoS Biology, 8*(2). http://doi.org/10.1371/journal.pbio.1000309

Cooper, M. (2007). Sharing Data and Results in Ethnographic Research: Why This Should not be an Ethical Imperative. *Journal of Empirical Research on Human Research Ethics: An International Journal, 2*(1), 3–19. http://doi.org/10.1525/jer.2007.2.1.3

Corti, L., van den Eynden, V., Bishop, L., & Woollard, M. (2014). *Managing and sharing research data: a guide to good practice*. Los Angeles: SAGE.

Costello, M. J. (2009). Motivating Online Publication of Data. *BioScience, 59*(5), 418–427. http://doi.org/10.1525/bio.2009.59.5.9

Council of the European Union. Council Conclusions On The Transition Towards An Open Science System [Internet]. Brussels; 2016 May p. 10. Report No.: 9526/16. Available from: http://data.consilium.europa.eu/doc/document/ST-9526-2016-INIT/en/pdf

Cragin, M. H., Palmer, C. L., Carlson, J. R., & Witt, M. (2010). Data sharing, small science and institutional repositories. *Philosophical Transactions. Series A, Mathematical, Physical, and Engineering Sciences, 368*(1926), 4023–4038. http://doi.org/10.1098/rsta.2010.0165

Czarnitzki, D., Grimpe, C., & Maikel, P. (2014). Access to research inputs: Open science versus the entrepreneurial university. *ZEW Discussion Papers, 14–018.*

Dalgleish, R. et al. (2012). Solving bottlenecks in data sharing in the life sciences. *Human Mutation, 33*(10), 1494–1496. http://doi.org/10.1002/humu.22123

Darg, D. W., Kaviraj, S., Lintott, C. J., Schawinski, K., Sarzi, M., Bamford, S., … Vandenberg, J. (2010). Galaxy Zoo: the fraction of merging galaxies in the SDSS and their morphologies. *Monthly Notices of the Royal Astronomical Society, 401*(2), 1043–1056. http://doi.org/10.1111/j.1365-2966.2009.15686.x

DataCite Metadata Working Group. (2014). DataCite Metadata Schema for the Publication and Citation of Research Data v3.1. http://doi.org/10.5438/0010

David, P. (2003). The Economic Logic of „Open Science" and the Balance between Private Property Rights and the Public Domain in Scientific Data and Information: A Primer. In *The Role of Scientific and Technical Data and Information in the Public Domain: Proceedings of a Symposium.* (S. 226). National Academies Press. Abgerufen von http://www.ncbi.nlm.nih.gov/books/NBK221867/

Davidson, D. (2004). *Subjektiv, intersubjektiv, objektiv.* (J. Schulte, Übers.) (1. Aufl). Frankfurt am Main: Suhrkamp.

Davis, J., Mengersen, K., Bennett, S., & Mazerolle, L. (2014). Viewing systematic reviews and meta-analysis in social research through different lenses. *SpringerPlus, 3*(1), 511. http://doi.org/10.1186/2193-1801-3-511

de Cock Buning, M., van Dinther, B., & Jeppersen de Boer, C. G. (2011). *The legal status of research data in the Knowledge Exchange partner countries.* Utrecht.

de Wolf, V. A., Sieber, J. E., Steel, P. M., & Zarate, A. O. (2005). Part I: What Is the Requirement for Data Sharing? *IRB: Ethics and Human Research, 27*(6), 12. http://doi.org/10.2307/3563537

de Wolf, V. A., Sieber, J. E., Steel, P. M., & Zarate, A. O. (2006). Part III: meeting the challenge when data sharing is required. *IRB: Ethics & Human Research, 28*(2), 10–15.

Delson, E., Harcourt-Smith, W. E. H., Frost, S. R., & Norris, C. A. (2007). Databases, data access, and data sharing in paleoanthropology: First steps. *Evolutionary Anthropology: Issues, News, and Reviews, 16*(5), 161–163. http://doi.org/10.1002/evan.20141

destatis. (2015). *Bildung und Kultur. Finanzen der Hochschulen* (No. Fachserie 11 Reihe 4.5). Wiesbaden. Abgerufen von https://www.destatis.de/DE/Publikationen/Thematisch/BildungForschungKultur/BildungKulturFinanzen

/FinanzenHochschulen2110450147004.pdf;jsessionid=C5A6E04B4B3AA0A69D2572CA983
E40C3.cae4?__blob=publicationFile

Deutsche Forschungsgemeinschaft. (2009). *Empfehlungen zur gesicherten Aufbewahrung und Bereitstellung digitaler Forschungsprimärdaten* (Richtlinie). Bonn. Abgerufen von http://www.dfg.de/download/pdf/foerderung/ programme/lis/ua_inf_empfehlungen_200901.pdf

Deutsche Forschungsgemeinschaft. (2012). *Die digitale Transformation weiter gestalten – Der Beitrag der Deutschen Forschungsgemeinschaft zu einer innovativen Informationsinfrastruktur für die Forschung*. Bonn. Abgerufen von http://www.dfg.de/download/pdf/foerderung/programme/lis/positionspapier_digitale_tran sformation.pdf

Dewald, W. G., Thursby, J. G., & Anderson, R. G. (1986). Replication in Empirical Economics: The Journal of Money, Credit and Banking Project. *The American Economic Review, 76*(4), 587–603.

Diekmann, A. (2012). *Empirische Sozialforschung Grundlagen, Methoden, Anwendungen*. Reinbek bei Hamburg: Rowohlt-Taschenbuch-Verl.

DIW Berlin. (2015). Übersicht über das SOEP. Abgerufen von http://www.diw.de/deutsch/soep/26628.html

DIW Berlin. (2016). *Mittlere Einkommen in Deutschland und den USA* (DIW Wochenbericht No. 18). Berlin: DIW Berlin. Abgerufen von http://www.diw.de/documents/publikationen/73/diw_01.c.533036.de/16-18.pdf

Drew, B. T. et al. (2013). Lost branches on the tree of life. *PLoS Biology, 11*(9), e1001636. http://doi.org/10.1371/journal.pbio.1001636

Duch, J., Zeng, X. H. T., Sales-Pardo, M., Radicchi, F., Otis, S., Woodruff, T. K., & Nunes Amaral, L. A. (2012). The Possible Role of Resource Requirements and Academic Career-Choice Risk on Gender Differences in Publication Rate and Impact. *PLoS ONE, 7*(12), e51332. http://doi.org/10.1371/journal.pone.0051332

Duvendack, M., Palmer-Jones, R. W., & Reed, Wobert. (2015). Replication in Economics: A Progress Report. *Econ Journal Watch, 12*(2), 164–191.

Edwards, A. (2016). Perspective: Science is still too closed. *Nature, 533*(7602), 70. http://doi.org/10.1038/533S70a

Edwards, P. N., Mayernik, M. S., Batcheller, A. L., Bowker, G. C., & Borgman, C. L. (2011). Science friction: Data, metadata, and collaboration. *Social Studies of Science, 41*(5), 667–690. http://doi.org/10.1177/0306312711413314

Eisenberg, R. S. (2006). Patents and data-sharing in public science. *Industrial and Corporate Change, 15*(6), 1013–1031. http://doi.org/10.1093/icc/dtl025

Eisenberg, R. S., & Rai, A. K. (2006). Harnessing and Sharing the Benefits of State-Sponsored Research: Intellectual Property Rights and Data Sharing in California's Stem Cell Initiative. *Berkerly Technology Law Journal, 21*, 1187–1214.

Elman, C., Kapiszewski, D., & Vinuela, L. (2010). Qualitative Data Archiving: Rewards and Challenges. *PS: Political Science & Politics, 43*(1), 23–27. http://doi.org/10.1017/S104909651099077X

Enke, N., Thessen, A., Bach, K., Bendix, J., Seeger, B., & Gemeinholzer, B. (2012). The user's view on biodiversity data sharing — Investigating facts of acceptance and requirements to realize a sustainable use of research data —. *Ecological Informatics, 11*, 25–33. http://doi.org/10.1016/j.ecoinf.2012.03.004

Eschenfelder, K., & Johnson, A. (2011). The Limits of sharing: Controlled data collections. *Proceedings of the American Society for Information Science and Technology, 48*(1), 1–10. http://doi.org/10.1002/meet.2011.14504801062

European Commission. (2012, Juli 17). Press release - Scientific data: open access to research results will boost Europe's innovation capacity. Abgerufen von http://europa.eu/rapid/press-release_IP-12-790_en.htm

European Commission. (2013). *Commission launches pilot to open up publicly funded research data* (Press Release). Abgerufen von http://europa.eu/rapid/press-release_IP-13-1257_en.htm

European Commission. (2015). *General for Research & Innovation Guidelines on Open Access to Scientific Publications and Research Data in Horizon 2020*. Abgerufen von https://ec.europa.eu/research/participants/data/ref/h2020/grants_manual/hi/oa_pilot/h2020-hi-oa-pilot-guide_en.pdf

Fecher, B., Friesike, S., & Hebing, M. (2015). What Drives Academic Data Sharing? *PLOS ONE, 10*(2), e0118053. http://doi.org/10.1371/journal.pone.0118053

Fecher, B., & Wagner, G. G. (2016). A research symbiont. *Science, 351*(6280), 1405–1406. http://doi.org/10.1126/science.351.6280.1405-b

Fehr, A. E., Pentz, R. D., & Dickert, N. W. (2015). Learning From Experience: A Systematic Review of Community Consultation Acceptance Data. *Annals of Emergency Medicine, 65*(2), 162–171.e3. http://doi.org/10.1016/j.annemergmed.2014.06.023

Feldman, L., Patel, D., Ortmann, L., Robinson, K., & Popovic, T. (2012). Educating for the future: another important benefit of data sharing. *The Lancet, 379*(9829), 1877–1878. http://doi.org/10.1016/S0140-6736(12)60809-5

Fernandez, J. M., Patrick, A. S., & Zuck, L. D. (2012). Ethical and Secure Data Sharing across Borders. In J. Blyth, S. Dietrich, & L. J. Camp (Hrsg.), *Financial Cryptography and Data Security* (Bd. 7398, S. 136–140). Berlin, Heidelberg: Springer Berlin Heidelberg. Abgerufen von http://link.springer.com/10.1007/978-3-642-34638-5_13

Feyerabend, P. (2010). *Against method* (4th ed). London ; New York: Verso Books.

Fienberg, S. E., Martin, M. E., Straf, M. L., & National Research Council (U.S.) (Hrsg.). (1985). *Sharing research data*. Washington, D.C: National Academy Press. Abgerufen von http://www.nap.edu/catalog/2033/sharing-research-data

Fisher, J. B., & Fortmann, L. (2010). Governing the data commons: Policy, practice, and the advancement of science. *Information & Management*, 47(4), 237–245. http://doi.org/10.1016/j.im.2010.04.001

Floca, R. (2014). Challenges of Open Data in Medical Research. In S. Bartling & S. Friesike (Hrsg.), *Opening Science* (S. 297–307). Cham: Springer International Publishing. Abgerufen von http://link.springer.com/10.1007/978-3-319-00026-8_22

Force, M. M., & Robinson, N. J. (2014). Encouraging data citation and discovery with the Data Citation Index. *Journal of Computer-Aided Molecular Design*, 28(10), 1043–1048. http://doi.org/10.1007/s10822-014-9768-5

Franke, Michael et al. (2015). Positionspapier „Research data at your fingertips" der Arbeitsgruppe Forschungsdaten. http://doi.org/10.2312/allianzfd.001

Franzoni, C., & Sauermann, H. (2014). Crowd science: The organization of scientific research in open collaborative projects. *Research Policy*, 43(1), 1–20. http://doi.org/10.1016/j.respol.2013.07.005

Freymann, J. B., Kirby, J. S., Perry, J. H., Clunie, D. A., & Jaffe, C. C. (2012). Image data sharing for biomedical research--meeting HIPAA requirements for De-identification. *Journal of Digital Imaging*, 25(1), 14–24. http://doi.org/10.1007/s10278-011-9422-x

Frick, J. R., Goebel, J., Haas, H., Krause, P., Sieber, I., & Engelmann, M. (2010). *SOEP Datenschutzverfahren: Verfahren für den Datenschutz beim Zugang zu den SOEP-Daten innerhalb und außerhalb des DIW Berlin*. Berlin.

Friesike, S., Fecher, B., Hebing, M., & Linek, S. (2015, Juni 2). Reputation instead of obligation: forging new policies to motivate academic data sharing. Abgerufen von http://blogs.lse.ac.uk/impactofsocialsciences/2015/06/02/reputation-instead-of-obligation-new-policies-to-motivate-academic-data-sharing/

Fulk, J., Heino, R., Flanagin, A. J., Monge, P. R., & Bar, F. (2004). A Test of the Individual Action Model for Organizational Information Commons. *Organization Science*, 15(5), 569–585. http://doi.org/10.1287/orsc.1040.0081

Funke, F., & Reips, U.-D. (2007). Datenerhebung im Netz: Messmethoden und Skalen. In M. Welker & O. Wenzel (Hrsg.), *Online-Forschung 2007: Grundlagen und Fallstudien* (S. 52–76). Köln: Halem.

Gardner, D., W.Toga, A. W., Ascoli, G. A., Beatty, J. T., Brinkley, J. F., & Dale, A. M. (2003). Towards Effective and Rewarding Data Sharing. *Neuroinformatics, 1*(3), 289–296. http://doi.org/10.1385/NI:1:3:289

Geertz, C. (1973). *The interpretation of cultures: selected essays*. New York: Basic Books. Abgerufen von https://monoskop.org/images/5/54/Geertz_Clifford_The_Interpretation_of_Cultures_Selected_Essays.pdf

Geertz, C. (1994). Thick Description: Toward an Interpretative Theory of Culture. In *Readings in the Philosophy of Social Science*. Cambridge, Mass: MIT Press.

Gilbert, D. T., King, G., Pettigrew, S., & Wilson, T. D. (2016). Comment on „Estimating the reproducibility of psychological science". *Science, 351*(6277), 1037–1037. http://doi.org/10.1126/science.aad7243

Glaser, B. G., Strauss, A. L., & Paul, A. T. (2010). *Grounded Theory Strategien qualitativer Forschung*. Bern: Huber.

Glass, G. V. (1976). Primary, Secondary, and Meta-Analysis of Research. *American Educational Research Association, 5*(10), 3–8.

Gola, P. (2005). *BDSG: Bundesdatenschutzgesetz: Kommentar* (8., übearbeitete und Aufl). München: Beck.

Gonzales E., J., & Cunningham A., C. (2015, August). The promise of pre-registration in psychological research. Abgerufen von http://www.apa.org/science/about/psa/2015/08/pre-registration.aspx

Guba, E. G. (Hrsg.). (1990). *The Paradigm dialog*. Newbury Park, Calif: Sage Publications.

Haddow, G., Bruce, A., Sathanandam, S., & Wyatt, J. C. (2011). 'Nothing is really safe': a focus group study on the processes of anonymizing and sharing of health data for research purposes: 'Nothing is really safe'. *Journal of Evaluation in Clinical Practice, 17*(6), 1140–1146. http://doi.org/10.1111/j.1365-2753.2010.01488.x

Häder, M. (2009). Der Datenschutz in den Sozialwissenschaften. Anmerkungen zur Praxis sozialwissenschaftlicher Erhebungen nud Datenverarbeitung in Deutschland. *RatSWD Working Paper Series*, (90). Abgerufen von http://www.ratswd.de/download/RatSWD_WP_2009/RatSWD_WP_90.pdf

Haendel, M. A., Vasilevsky, N. A., & Wirz, J. A. (2012). Dealing with data: a case study on information and data management literacy. *PLoS Biology*, *10*(5), e1001339. http://doi.org/10.1371/journal.pbio.1001339

Haeussler, C. (2011). Information-sharing in academia and the industry: A comparative study. *Research Policy*, *40*(1), 105–122. http://doi.org/10.1016/j.respol.2010.08.007

Hamermesh, D. S. (2007). Viewpoint: Replication in economics: Replication in economics. *Canadian Journal of Economics/Revue Canadienne D'économique*, *40*(3), 715–733. http://doi.org/10.1111/j.1365-2966.2007.00428.x

Hardin, G. (1968). The Tragedy of the Commons. *Science*, *162*(3859), 1243–1248. http://doi.org/10.1126/science.162.3859.1243

Harding, A., Harper, B., Stone, D., O'Neill, C., Berger, P., Harris, S., & Donatuto, J. (2011). Conducting research with tribal communities: sovereignty, ethics, and data-sharing issues. *Environmental Health Perspectives*, *120*(1), 6–10. http://doi.org/10.1289/ehp.1103904

Hayman, B., Wilkes, L., Jackson, D., & Halcomb, E. (2012). Story-sharing as a method of data collection in qualitative research. *Journal of Clinical Nursing*, *21*(1–2), 285–287. http://doi.org/10.1111/j.1365-2702.2011.04002.x

Hernán, M. A., & Wilcox, A. J. (2009). Epidemiology, Data Sharing, and the Challenge of Scientific Replication: *Epidemiology*, *20*(2), 167–168. http://doi.org/10.1097/EDE.0b013e318196784a

Herndon, T., Ash, M., & Pollin, R. (2014). Does high public debt consistently stifle economic growth? A critique of Reinhart and Rogoff. *Cambridge Journal of Economics*, *38*(2), 257–279. http://doi.org/10.1093/cje/bet075

Hesse-Biber, S. N. (2010). *Mixed methods research merging theory with practice*. New York: Guilford Press. Abgerufen von http://public.eblib.com/choice/publicfullrecord.aspx?p=471119

Hey, A. J. G., Tansley, S., & Tolle, K. M. (2009). *The fourth paradigm: data-intensive scientific discovery*. Redmond, Wash.: Microsoft Research.

Holden, C. (2001). General Contentment Masks Gender Gap in First AAAS Salary and Job Survey. *Science*, *294*(5541), 396–411. http://doi.org/10.1126/science.294.5541.396

Huang, X., Hawkins, B. A., Lei, F., Miller, G. L., Favret, C., Zhang, R., & Qiao, G. (2012). Willing or unwilling to share primary biodiversity data: results and implications of an international survey: Biodiversity data sharing and archiving. *Conservation Letters*, *5*(5), 399–406. http://doi.org/10.1111/j.1755-263X.2012.00259.x

Huang, X., Hawkins, B. A., & Qiao, G. (2013). Biodiversity Data Sharing: Will Peer-Reviewed Data Papers Work? *BioScience*, *63*(1), 5–6. http://doi.org/10.1525/bio.2013.63.1.2

Human Genome Sequencing Consortium (2004). Finishing the euchromatic sequence of the human genome. *Nature, 431*(7011), 931–945. http://doi.org/10.1038/nature03001

Hunter, J. E., & Schmidt, F. L. (2004). *Methods of Meta-Analysis*. 2455 Teller Road, Thousand Oaks California 91320 United States of America: SAGE Publications, Inc. Abgerufen von http://srmo.sagepub.com/view/methods-of-meta-analysis/SAGE.xml

Ioannidis, J. P. A. (2005). Why Most Published Research Findings Are False. *PLoS Medicine, 2*(8), e124. http://doi.org/10.1371/journal.pmed.0020124

Ioannidis, J. P. A. et al. (2009). Repeatability of published microarray gene expression analyses. *Nature Genetics, 41*(2), 149–155. http://doi.org/10.1038/ng.295

Jackob, N., Schönherr, H., & Zerback, T. (Hrsg.). (2009). *Sozialforschung im Internet Methodologie und Praxis der Online-Befragung*. Wiesbaden: VS Verlag für Sozialwissenschaften / GWV Fachverlage GmbH, Wiesbaden.

Jarnevich, C. S., Graham, J. J., Newman, G. J., Crall, A. W., & Stohlgren, T. J. (2007). Balancing data sharing requirements for analyses with data sensitivity. *Biological Invasions, 9*(5), 597–599. http://doi.org/10.1007/s10530-006-9042-4

Jasny, B. R., Chin, G., Chong, L., & Vignieri, S. (2011). Again, and Again, and Again ... *Science, 334*(6060), 1225–1225. http://doi.org/10.1126/science.334.6060.1225

Jaspers, G. J., & Degraeuwe, P. L. (2014). A failed attempt to conduct an individual patient data meta-analysis. *Systematic Reviews, 3*(1), 97. http://doi.org/10.1186/2046-4053-3-97

Jiang, X., Sarwate, A. D., & Ohno-Machado, L. (2013). Privacy technology to support data sharing for comparative effectiveness research: a systematic review. *Medical Care, 51*, 58–65. http://doi.org/10.1097/MLR.0b013e31829b1d10

Johnson, R. B., & Onwuegbuzie, A. J. (2004). Mixed Methods Research: A Research Paradigm Whose Time Has Come. *Educational Researcher, 33*(7), 14–26. http://doi.org/10.3102/0013189X033007014

Johnson, R. B., Onwuegbuzie, A. J., & Turner, L. A. (2007). Toward a Definition of Mixed Methods Research. *Journal of Mixed Methods Research, 1*(2), 112–133. http://doi.org/10.1177/1558689806298224

Jones, B. (2015). Towards the European Open Science Cloud. http://doi.org/10.5281/zenodo.16001

Jones, R. B., Reeves, D., & Martinez, C. S. (2012). Overview of electronic data sharing: why, how, and impact. *Current Oncology Reports, 14*(6), 486–493. http://doi.org/10.1007/s11912-012-0271-7

Jose, A., Daniel O'Leary, K., & Moyer, A. (2010). Does Premarital Cohabitation Predict Subsequent Marital Stability and Marital Quality? A Meta-Analysis. *Journal of Marriage and Family, 72*(1), 105–116. http://doi.org/10.1111/j.1741-3737.2009.00686.x

Karami, M., Rangzan, K., & Saberi, A. (2013). Using GIS servers and interactive maps in spectral data sharing and administration: Case study of Ahvaz Spectral Geodatabase Platform (ASGP). *Computers & Geosciences, 60*, 23–33. http://doi.org/10.1016/j.cageo.2013.06.007

Karpen, U. (1990). Das Spannungsverhältnis zwischen Wissenschaftsfreiheit und Wissenschaftsverwertung. In H. J. Schuster (Hrsg.), *Handbuch des Wissenschaftstransfers* (S. 71–88). Berlin, Heidelberg: Springer Berlin Heidelberg. Abgerufen von http://www.springerlink.com/index/10.1007/978-3-642-93440-7_6

Kent, S. M. (1994). Sloan Digital Sky Survey. In N. Epchtein, A. Omont, B. Burton, & P. Persi (Hrsg.), *Science with Astronomical Near-Infrared Sky Surveys* (S. 27–30). Dordrecht: Springer Netherlands. Abgerufen von http://link.springer.com/10.1007/978-94-011-0946-8_6

Keus, F., Wetterslev, J., Gluud, C., Gooszen, H. G., & van Laarhoven, C. J. H. M. (2009). Robustness Assessments Are Needed to Reduce Bias in Meta-Analyses That Include Zero-Event Randomized Trials. *The American Journal of Gastroenterology, 104*(3), 546–551. http://doi.org/10.1038/ajg.2008.22

Khan, K. S., Kleijnen, J., & Antes, G. (Hrsg.). (2011). *Systematic reviews to support evidence-based medicine: how to review and apply findings of healthcare research* (2nd ed). London: Hodder Annold.

Kim, Y., & Stanton, J. M. (2012). Institutional and Individual Influences on Scientists' Data Sharing Practives. *Journal of Computational Science Education, 3*(1), 47–56.

Klein, T., Kopp, J., & Rapp, I. (2013). Meta-Analyse mit Originaldaten: Ein Vorschlag zur Forschungssynthese in der Soziologie. *Zeitschrift für Soziologie, 42*(3), 222–238.

Klimpel, P., & Weitzmann, J. H. (2015). *Forschen in der digitalen Welt: Juristische Handreichung für die Geisteswissenschaften* (DARIAH-DE Working Papers Nr. 12). Göttingen: GEODOC-Dokumenten- und Publikationsserver der Georg-August-Universität Göttingen. Abgerufen von http://webdoc.sub.gwdg.de/pub/mon/dariah-de/dwp-2015-12.pdf

Kowalczyk, S., & Shankar, K. (2011). Data sharing in the sciences. *Annual Review of Information Science and Technology, 45*(1), 247–294. http://doi.org/10.1002/aris.2011.1440450113

Krauth, J. (2000). *Experimental design: a handbook and dictionary for medical and behavioral research* (1st ed). Amsterdam ; New York: Elsevier.

Krippendorff, K. H. (2013). *Content Analysis - 3rd Edition: an Introduction to Its Methodology*. Thousand Oaks: SAGE Publications, Inc.

Kroes, N. (2012, April). *Opening Science Through e-Infrastructures*. Rome, Italy. Abgerufen von http://europa.eu/rapid/press-release_SPEECH-12-258_en.htm

Kuhn, T. S. (1996). *The structure of scientific revolutions* (3rd edition). Chicago, IL: University of Chicago Press.

Lacetera, N., & Zirulia, L. (2009). The Economics of Scientific Misconduct. *Journal of Law, Economics, and Organization, 27*(3), 568–603. http://doi.org/10.1093/jleo/ewp031

Lander, E. S. et al. (2001). Initial sequencing and analysis of the human genome. *Nature, 409*(6822), 860–921. http://doi.org/10.1038/35057062

Landis, S. C. et al. (2012). A call for transparent reporting to optimize the predictive value of preclinical research. *Nature, 490*(7419), 187–191. http://doi.org/10.1038/nature11556

Larivière, V., Ni, C., Gingras, Y., Cronin, B., & Sugimoto, C. R. (2013). Bibliometrics: Global gender disparities in science. *Nature, 504*(7479), 211–213. http://doi.org/10.1038/504211a

Lehmberg, T., Chiarcos, C., Rehm, G., & Witt, A. (2007). Rechtsfragen bei der Nutzung und Weitergabe linguistischer Daten. In *Datenstrukturen für linguistische Ressourcen und ihre Anwendungen* (S. 93–102). Tübingen: Gunter Narr Verlag.

Leonelli, S. (2013). Why the Current Insistence on Open Access to Scientific Data? Big Data, Knowledge Production, and the Political Economy of Contemporary Biology. *Bulletin of Science, Technology & Society, 33*(1–2), 6–11. http://doi.org/10.1177/0270467613496768

Leonhart, R., & Maurischat, C. (2004). Meta-Analysen auf Primärdatenbasis? Probleme und Lösungsansätze. *Zeitschrift für Evaluation*, (1), 21–34.

Levenson, D. (2010). When should pediatric biobanks share data? *American Journal of Medical Genetics Part A, 152A*(3), fm vii-fm viii. http://doi.org/10.1002/ajmg.a.33287

Levy, D. M. (1988). The Market for Fame and Fortune. *History of Political Economy, 20*(4), 615–625. http://doi.org/10.1215/00182702-20-4-615

Ley, T. J., & Hamilton, B. H. (2008). SOCIOLOGY: The Gender Gap in NIH Grant Applications. *Science, 322*(5907), 1472–1474. http://doi.org/10.1126/science.1165878

Linkert, M. et al. (2010). Metadata matters: access to image data in the real world. *The Journal of Cell Biology, 189*(5), 777–782. http://doi.org/10.1083/jcb.201004104

Longo, D. L., & Drazen, J. M. (2016). Data Sharing. *New England Journal of Medicine, 374*(3), 276–277. http://doi.org/10.1056/NEJMe1516564

Ludman, E. J. et al. (2010). Glad you asked: participants' opinions of re-consent for dbGap data submission. *Journal of Empirical Research on Human Research Ethics: JERHRE, 5*(3), 9–16. http://doi.org/10.1525/jer.2010.5.3.9

Luhmann, N. (1992). *Die Wissenschaft der Gesellschaft*. Frankfurt am Main: Suhrkamp.

Marx, V. (2013). Biology: The big challenges of big data. *Nature, 498*(7453), 255–260. http://doi.org/10.1038/498255a

Masum, H. et al. (2013). Ten simple rules for cultivating open science and collaborative R&D. *PLoS Computational Biology, 9*(9), e1003244. http://doi.org/10.1371/journal.pcbi.1003244

Max-Planck-Gesellschaft. (2015). Signatories Berlin Decleration. Abgerufen von http://openaccess.mpg.de/319790/Signatories

Mayring, P. (2000). Qualitative Content Analysis. *Forum Qualitative Sozialforschung / Forum: Qualitative Social Research, 1*(2). Abgerufen von http://www.qualitative-research.net/index.php/fqs/article/view/1089

Mayring, P. (2010). *Qualitative Inhaltsanalyse Grundlagen und Techniken* (11., aktualisierte und überarb. Aufl.). Weinheim: Beltz.

McCrae, R. R., & Costa, P. T., Jr. (2008). The Five-Factor theory of personality. In O. P. John, R. W. Robins, & L. A. Pervin (Hrsg.), *Handbook of personality: Theory and research* (Bd. 3, S. 159–181). New York, NY: Guilford Press. Abgerufen von https://www.researchgate.net/profile/Paul_Costa3/publication/247880369_The_Five-Fac-tor_Model_of_Personality_Theoretical_Perspectives/links/54ebec200cf2ff89649ed02f.pdf

McCullough, B. D., McGeary, K. A., & Harrison, T. D. (2008). Do economics journal archives promote replicable research? *Canadian Journal of Economics/Revue Canadienne D'économique, 41*(4), 1406–1420. http://doi.org/10.1111/j.1540-5982.2008.00509.x

McNutt, M. (2014). Reproducibility. *Science, 343*(6168), 229–229. http://doi.org/10.1126/science.1250475

McNutt, M. (2016). #IAmAResearchParasite. *Science, 351*(6277), 1005–1005. http://doi.org/10.1126/science.aaf4701

Mennes, M., Biswal, B. B., Castellanos, F. X., & Milham, M. P. (2013). Making data sharing work: the FCP/INDI experience. *NeuroImage, 82*, 683–691. http://doi.org/10.1016/j.neuroimage.2012.10.064

Menz, S., Wedel, A., Rautenberg, M., Runge, N., & Köhler, J. (2015). *„ Wiedereinstieg von Frauen in Wisse n schaftskarrieren – WiFraWi" Studie zum Verhältnis von Wissen-schaft, Fürsorge und Anerkennung*. Dresden: Institut für regionale Innovation und Sozialfor-

schung. Abgerufen von https://www.paedpsy.tu-
berlin.de/fileadmin/fg236/bilder/MitarbeiterInnen/
2015_WiFraWi_Forschungsbericht_-_Studie_Wissenschaft_Fuersorge_Anerkennung.pdf

Merson, L., Gaye, O., & Guerin, P. J. (2016). Avoiding Data Dumpsters — Toward Equitable and Useful Data Sharing. *New England Journal of Medicine, 374*(25), 2414–2415. http://doi.org/10.1056/NEJMp1605148

Merton, R. K. (1973). *The sociology of science: theoretical and empirical investigations.* Chicago: University of Chicago Press.

Merton, R. K. (1985). *Entwicklung und Wandel von Forschungsinteressen: Aufsätze zur Wissenschaftssoziologie* (1. Aufl). Frankfurt am Main: Suhrkamp.

Merton, R. K. (1942). The Normative Structure of Science. In *The Sociology of Science: Theoretical and Empirical Investigations* (S. 267–278). Chicago; London: The University of Chicago Press. Abgerufen von http://www.collier.sts.vt.edu/5424/ pdfs/merton_1973.pdf

Milia, N., Congiu, A., Anagnostou, P., Montinaro, F., Capocasa, M., Sanna, E., & Bisol, G. D. (2012). Mine, Yours, Ours? Sharing Data on Human Genetic Variation. *PLoS ONE, 7*(6), e37552. http://doi.org/10.1371/journal.pone.0037552

Mirowski, P. (2011). *Science-mart: privatizing American science.* Cambridge, Mass: Harvard University Press.

Mokyr, J. (2011). *The gifts of Athena historical origins of the knowledge economy.* Princeton N.J.: Princeton University Press. Abgerufen von http://public.eblib.com/choice/publicfullrecord.aspx?p=797494

Molloy, J. C. (2011). The Open Knowledge Foundation: open data means better science. *PLoS Biology, 9*(12), e1001195. http://doi.org/10.1371/journal.pbio.1001195

Mooradian, T., Renzl, B., & Matzler, K. (2006). Who Trusts? Personality, Trust and Knowledge Sharing. *Management Learning, 37*(4), 523–540. http://doi.org/10.1177/1350507606073424

Moss-Racusin, C. A., Dovidio, J. F., Brescoll, V. L., Graham, M. J., & Handelsman, J. (2012). Science faculty's subtle gender biases favor male students. *Proceedings of the National Academy of Sciences, 109*(41), 16474–16479. http://doi.org/10.1073/pnas.1211286109

Mowery, D. C., & Rosenberg, N. (1989). *Technology and the pursuit of economic growth.* Cambridge [England] ; New York: Cambridge University Press.

Moynihan, T. (2015). Apple's ResearchKit Is a New Way to Do Medical Research. Abgerufen von http://www.wired.com/2015/03/apples-new-researchkit-app-framework-medical-research/

Myneni, S., & Patel, V. L. (2010). Organization of Biomedical Data for Collaborative Scientific Research: A Research Information Management System. *International Journal of Information Management, 30*(3), 256–264. http://doi.org/10.1016/j.ijinfomgt.2009.09.005

NASA. (2016). NASA Landsat Science. Abgerufen von http://landsat.gsfc.nasa.gov/

National Science Foundation. (2012). *Proposal and Award Policies and Procedures Guide.* Abgerufen von https://www.nsf.gov/pubs/policydocs/pappguide/nsf13001/nsf13_1.pdf

Nature. (2009). Nature Specials. Abgerufen von http://www.nature.com/news/specials/datasharing/index.html

Nature. (2014). Journals unite for reproducibility. *Nature, 515*(7525), 7–7. http://doi.org/10.1038/515007a

Nature. (2016). Announcement: Where are the data? *Nature, 537*(7619), 138–138. http://doi.org/10.1038/537138a

Nelson, B. (2009). Data sharing: Empty archives. *Nature, 461*(7261), 160–163. http://doi.org/10.1038/461160a

Nentwich, M., & König, R. (2012). *Cyberscience 2.0: research in the age of digital social networks.* Frankfurt: Campus-Verl.

Nicholson, S. W., & Bennett, T. B. (2011). Data Sharing: Academic Libraries and the Scholarly Enterprise. *portal: Libraries and the Academy, 11*(1), 505–516.

Nielsen, M. A. (2012). *Reinventing discovery: the new era of networked science.* Princeton, N.J.: Princeton University Press. Abgerufen von http://public.eblib.com/choice/publicfullrecord.aspx?p=773462

Nielsen, R. (2010). Genomics: In search of rare human variants. *Nature, 467*(7319), 1050–1051. http://doi.org/10.1038/4671050a

NIH. (2002). NIH Data-Sharing Plan. *Anthropology News, 43*(4), 30–30. http://doi.org/10.1111/an.2002.43.4.30.2

NIH. (2003). NIH Posts Research Data Sharing Policy. *Anthropology News, 44*(4), 25–25. http://doi.org/10.1111/an.2003.44.4.25.2

Noor, M. A. F., Zimmerman, K. J., & Teeter, K. C. (2006). Data sharing: how much doesn't get submitted to GenBank? *PLoS Biology, 4*(7), e228. http://doi.org/10.1371/journal.pbio.0040228

OECD. (2012). *Education at a Glance 2012.* OECD Publishing. Abgerufen von http://www.oecd-ilibrary.org/education/education-at-a-glance-2012_eag-2012-en

OECD. (2015). *Making Open Science a Reality* (OECD Science, Technology and Industry Policy Papers No. 25). Abgerufen von http://www.oecd-ilibrary.org/science-and-technology/making-open-science-a-reality_5jrs2f963zs1-en

Open Science Collaboration. (2015). Estimating the reproducibility of psychological science. *Science, 349*(6251), aac4716-aac4716. http://doi.org/10.1126/science.aac4716

Organisation for Economic Co-operation and Development. (2007). *OECD principles and guidelines for access to research data from public funding.* Paris, France: OECD. Abgerufen von http://dx.doi.org/10.1787/9789264034020-en-fr

Ostell, J. (2009). Data Sharing: Standards for Bioinformatic Cross-Talk. *Human Mutation, 30*(4), vii–vii. http://doi.org/10.1002/humu.21013

Overbey, M. M. (1999). Data Sharing Dilemma. *Anthropology News, 40*(4), 11–11. http://doi.org/10.1111/an.1999.40.4.11.1

Owens, B. (2016). Data sharing: Access all areas. *Nature, 533*(7602), 71–72. http://doi.org/10.1038/533S71a

Park, C. L. (2004). What is the value of replicating other studies? *Research Evaluation, 13*(3), 189–195. http://doi.org/10.3152/147154404781776400

Parr, C. S. (2007). Open Sourcing Ecological Data. *BioScience, 57*(4), 309. http://doi.org/10.1641/B570402

Parr, C. S., & Cummings, M. P. (2005). Data sharing in ecology and evolution. *Trends in Ecology & Evolution, 20*(7), 362–363. http://doi.org/10.1016/j.tree.2005.04.023

Pearce, N., & Smith, A. H. (2011). Data sharing: not as simple as it seems. *Environmental Health, 10*(1), 1–7. http://doi.org/10.1186/1476-069X-10-107

Peng, R. (2015). The reproducibility crisis in science: A statistical counterattack. *Significance, 12*(3), 30–32. http://doi.org/10.1111/j.1740-9713.2015.00827.x

Peng, R. D. (2011). Reproducible Research in Computational Science. *Science, 334*(6060), 1226–1227. http://doi.org/10.1126/science.1213847

Perrino, T., Sperling, A., Beardslee, W., Sandler, I., Shern, D., Pantin, H., ... Brown, C. H. (2013). Advancing Science Through Collaborative Data Sharing and Synthesis. *Perspectives on Psychological Science, 8*(4), 433–444. http://doi.org/10.1177/1745691613491579

Peters, I., Kraker, P., Lex, E., Gumpenberger, C., & Gorraiz, J. (2016). Research data explored: an extended analysis of citations and altmetrics. *Scientometrics, 107*(2), 723–744. http://doi.org/10.1007/s11192-016-1887-4

Petticrew, M. (2006). *Systematic reviews in the social sciences: a practical guide*. Malden, MA ; Oxford: Blackwell Pub. Abgerufen von http://www.cebma.org/wp-content/uploads/pettigrew-roberts-sr-in-the-soc-sc.pdf

Pitt, M. A., & Tang, Y. (2013). What Should Be the Data Sharing Policy of Cognitive Science? *Topics in Cognitive Science*, 5(1), 214–221. http://doi.org/10.1111/tops.12006

Piwowar, H. A. (2010). Who shares? Who doesn't? Bibliometric factors associated with open archiving of biomedical datasets. *Proceedings of the American Society for Information Science and Technology*, 47(1), 1–2. http://doi.org/10.1002/meet.14504701413

Piwowar, H. A., Becich, M. J., Bilofsky, H., Crowley, R. S., & on behalf of the caBIG Data Sharing and Intellectual Capital Workspace. (2008). Towards a Data Sharing Culture: Recommendations for Leadership from Academic Health Centers. *PLoS Medicine*, 5(9), e183. http://doi.org/10.1371/journal.pmed.0050183

Piwowar, H. A., & Chapman, W. W. (2010). Public sharing of research datasets: a pilot study of associations. *Journal of Informetrics*, 4(2), 148–156. http://doi.org/10.1016/j.joi.2009.11.010

Piwowar, H. A., Day, R. S., & Fridsma, D. B. (2007). Sharing Detailed Research Data Is Associated with Increased Citation Rate. *PLoS ONE*, 2(3), e308. http://doi.org/10.1371/journal.pone.0000308

Piwowar, H. A., & Vision, T. J. (2013). Data reuse and the open data citation advantage. *PeerJ*, 1, e175. http://doi.org/10.7717/peerj.175

PLOS ONE. (2014, März 3). Data Availability. Abgerufen von http://journals.plos.org/plosone/s/data-availability

Poisot, T., Mounce, R., & Gravel, D. (2013). Moving toward a sustainable ecological science: don't let data go to waste! *Ideas in Ecology and Evolution*, 6(2). http://doi.org/10.4033/iee.2013.6b.14.f

Popper, K. R. (2002). *Logik der Forschung*. Wien, Österreich: Julius Springer.

Popper, K. R. (2003). *Die offene Gesellschaft und ihre Feinde: Band 2 ; Falsche Propheten: Hegel, Marx und die Folgen* (8. Aufl). Tübingen: J.C.B. Mohr (Paul Siebeck).

Prüfer, P., & Rexroth, M. (1996). *Verfahren zur Evaluation von Survey-Fragen: Ein Überblick* (ZUMA-Arbeitsbericht Nr. 96/05).

PubMed. (2015, Juni 11). PubMed.gov. Abgerufen von http://www.ncbi.nlm.nih.gov/pubmed

Reid, A. T. et al. (2016). ANIMA: A data-sharing initiative for neuroimaging meta-analyses. *NeuroImage*, 124, 1245–1253. http://doi.org/10.1016/j.neuroimage.2015.07.060

Reidpath, D. D., & Allotey, P. A. (2001). Data Sharing in Medical Research: An Empirical Investigation. *Bioethics, 15*(2), 125–134. http://doi.org/10.1111/1467-8519.00220

Reinhart, C. M., & Rogoff, K. S. (2013, April 25). Reinhart und Rogoff: Responding to Our Critics. *The New York Times.* Cambridge, Mass. Abgerufen von http://www.nytimes.com/2013/04/26/opinion/reinhart-and-rogoff-responding-to-our-critics.html?pagewanted=all&_r=0

Reinhart, C., & Rogoff, K. (2010). *Growth in a Time of Debt* (No. w15639). Cambridge, MA: National Bureau of Economic Research. Abgerufen von http://www.nber.org/papers/w15639.pdf

Rendtel, U. (2008). Statistikausbildung und Amtliche Statistik:Kritik und Perspektiven. *AStA Wirtschafts- und Sozialstatistisches Archiv, 2*(1–2), 5–20. http://doi.org/10.1007/s11943-008-0038-7

Research Data Netherlands (RDNL). (2015). Who'll win the 2016 Dutch Data Prize? Abgerufen von http://www.researchdata.nl/en/services/data-prize/

Research Information Network. (2014). *Nature Communications: citation analysis.* Abgerufen von http://www.nature.com/press_releases/ncomms-report2014.pdf

Resnik, D. B. (2010). Genomic research data: open vs. restricted access. *IRB Ethics and Human Research, 32*(1), 1–6.

Richter, D., Metzing, M., Weinhardt, M., & Schupp, J. (2013). *SOEP scales manual* (SOEP Survey Papers No. 138). Abgerufen von http://panel.gsoep.de/soep-docs/surveypapers/diw_ssp0138.pdf

Rodgers, W., & Nolte, M. (2006). Solving Problems of Disclosure Risk in An Academic Setting: Using A Combination of Restricted Data and Restricted Access Methods. *Journal of Empirical Research on Human Research Ethics: An International Journal, 1*(3), 85–98. http://doi.org/10.1525/jer.2006.1.3.85

Rohlfing, T., & Poline, J.-B. (2012). Why shared data should not be acknowledged on the author byline. *NeuroImage, 59*(4), 4189–4195. http://doi.org/10.1016/j.neuroimage.2011.09.080

Rushby, N. (2013). Editorial: Data-sharing: Editorial. *British Journal of Educational Technology, 44*(5), 675–676. http://doi.org/10.1111/bjet.12091

Samson, K. (2008). NerveCenter: Data sharing: Making headway in a competitive research milieu. *Annals of Neurology, 64*(1), A13–A16. http://doi.org/10.1002/ana.21478

Sansone, S.-A., & Rocca-Serra, P. (2012). On the evolving portfolio of community-standards and data sharing policies: turning challenges into new opportunities. *GigaScience, 1*(1), 10. http://doi.org/10.1186/2047-217X-1-10

Savage, C. J., & Vickers, A. J. (2009). Empirical Study of Data Sharing by Authors Publishing in PLoS Journals. *PLoS ONE*, *4*(9), e7078. http://doi.org/10.1371/journal.pone.0007078

Sawicki, M. P., Samara, G., Hurwitz, M., & Passaro, E. (1993). Human Genome Project. *The American Journal of Surgery*, *165*(2), 258–264. http://doi.org/10.1016/S0002-9610(05)80522-7

Sayogo, D. S., & Pardo, T. A. (2013). Exploring the determinants of scientific data sharing: Understanding the motivation to publish research data. *Government Information Quarterly*, *30*, 19–31. http://doi.org/10.1016/j.giq.2012.06.011

Schutt, R. K. (2014). *Investigating the social world: the process and practice of research* (Eighth ediiton). Los Angeles: SAGE.

Science. (2011). Data Replication & Reproducibility. Abgerufen von http://www.sciencemag.org/site/special/data-rep/

Senat der Deutschen Forschungsgemeinschaft. (2015). *Leitlinien zum Umgang mit Forschungsdaten*. Bonn: dfg. Abgerufen von http://www.dfg.de/download/pdf/foerderung/antragstellung/forschungsdaten/richtlinien_forschungsdaten.pdf

Sheather, J. (2009). Confidentiality and sharing health information. *BMJ*, *338*(jun15 2), b2160–b2160. http://doi.org/10.1136/bmj.b2160

Shen, H. (2013). Inequality quantified: Mind the gender gap. *Nature*, *495*(7439), 22–24. http://doi.org/10.1038/495022a

Shor, E., Roelfs, D. J., Curreli, M., Clemow, L., Burg, M. M., & Schwartz, J. E. (2012). Widowhood and Mortality: A Meta-Analysis and Meta-Regression. *Demography*, *49*(2), 575–606. http://doi.org/10.1007/s13524-012-0096-x

Sieber, J. (1991). *Sharing Social Science Data: Advantages and Challenges*. 2455 Teller Road, Thousand Oaks California 91320 United States: SAGE Publications, Inc. Abgerufen von http://sk.sagepub.com/books/sharing-social-science-data

Sieber, J. E. (1988). Data sharing: Defining problems and seeking solutions. *Law and Human Behavior*, *12*(2), 199–206. http://doi.org/10.1007/BF01073128

Simukovic, E., Thiele, R., Struck, A., Kindling, M., & Schirmbacher, P. (2014). *Was sind Ihre Forschungsdaten? Interviews mit Wissenschaftlern der Humboldt-Universität zu Berlin*. Studie, Berlin. Abgerufen von urn:nbn:de:kobv:11-100224755

Sloan Digital Sky Survey (SDSS). (2015). SDSS Science Results. Abgerufen von http://www.sdss.org/science/

Sloan Digital Sky Survey (SDSS). (2016). Data Release 12. Abgerufen von http://www.sdss.org/dr12/

Smith, J. (2013, April 20). From Reinhart & Rogoff's own data: UK GDP increased fastest when debt-to-GDP ratio was highest - and the debt ratio came down! Abgerufen von http://www.primeeconomics.org/articles/1785

Sommer, J. (2010). The delay in sharing research data is costing lives. *Nature Medicine, 16*(7), 744–744. http://doi.org/10.1038/nm0710-744

SowiDataNet. (2015). SowiDataNet. Abgerufen von https://sowidatanet.de/

Stanley, B., & Stanley, M. (1988). Data sharing: The primary researcher's perspective. *Law and Human Behavior, 12*(2), 173–180. http://doi.org/10.1007/BF01073125

Stegmüller, W. (1975). *Das Problem der Induktion: Humes Herausforderung und moderne Antworten ; Der sogenannte Zirkel des Verstehens.* Darmstadt: Wissenschaftliche Buchgesellschaft [Abt. Verl.].

Stern, S. (2004). Do Scientists Pay to Be Scientists? *Management Science, 50*(6), 835–853. http://doi.org/10.1287/mnsc.1040.0241

Stifterverband für die Deutsche Wissenschaft. (2015). Ländercheck. Lehre und Forschung im föderalen Wettbewerb. Abgerufen von http://www.laendercheck-wissenschaft.de/drittmittel/drittmittel_allgemein/index.html

Tardy, C. (2004). The role of English in scientific communication: lingua franca or Tyrannosaurus rex? *Journal of English for Academic Purposes, 3*(3), 247–269. http://doi.org/10.1016/j.jeap.2003.10.001

Teece, D. J. (1996). Firm organization, industrial structure and technological innovation. *Journal of Economic Behavior & Organization, 31.* Abgerufen von http://citeseerx.ist.psu.edu/viewdoc/download?doi=10.1.1.463.3254&rep=rep1&type=pdf

Teeters, J. L., Harris, K. D., Millman, K. J., Olshausen, B. A., & Sommer, F. T. (2008). Data sharing for computational neuroscience. *Neuroinformatics, 6*(1), 47–55. http://doi.org/10.1007/s12021-008-9009-y

Tenopir, C. et al. (2011). Data Sharing by Scientists: Practices and Perceptions. *PLoS ONE, 6*(6), e21101. http://doi.org/10.1371/journal.pone.0021101

The Lancet. (2011). Bad decisions for global health. *The Lancet, 377*(9762), 272. http://doi.org/10.1016/S0140-6736(11)60066-4

The National Commission for the Protection of Human Subjects of Biomedical and Behavioral Research. (1978). *The Belmont Report: Ethical Principles and Guidelines for the Protectino of Human Subjects of Research.* Bethesda. Abgerufen von http://videocast.nih.gov/pdf/ohrp_belmont_report.pdf

Thomas, D., Radji, S., & Benedetti, A. (2014). Systematic review of methods for individual patient data meta- analysis with binary outcomes. *BMC Medical Research Methodology*, *14*(1). http://doi.org/10.1186/1471-2288-14-79

Tucker, J. (2009, September 9). *Motivating Subjects: Data Sharing in Cancer Research*. Falls Church, Virginia. Abgerufen von https://theses.lib.vt.edu/theses/available/etd-09182009-161937/unrestricted/Tucker_J_D_2009.pdf

Van Horn, J. D., & Gazzaniga, M. S. (2013). Why share data? Lessons learned from the fMRIDC. *NeuroImage*, *82*, 677–682. http://doi.org/10.1016/j.neuroimage.2012.11.010

Van Noorden, R. (2014). Confusion over publisher's pioneering open-data rules. *Nature*, *515*(7528), 478–478. http://doi.org/10.1038/515478a

Vandewalle, P., Kovacevic, J., & Vetterli, M. (2009). Reproducible research in signal processing. *IEEE Signal Processing Magazine*, *26*(3), 37–47. http://doi.org/10.1109/MSP.2009.932122

Vlaeminck, S., Wagner, G. G., Wagner, J., Harhoff, D., & Siegert, O. (2013). Replizierbare Forschung in den Wirtschaftswissenschaften erhöhen — eine Herausforderung für wissenschaftliche Infrastrukturdienstleister. *LIBREAS. Library Ideas*, (23). Abgerufen von http://libreas.eu/ausgabe23/06vlaeminck/

Von Taddicken, M. (2009). Die Bedeutung von Methodeneffekten der Online-Befragung: Zusammenhänge zwischen computervermittelter Kommunikation und erreichbarer Datengüte. In N. Jackob, H. Schoen, & T. Zerback (Hrsg.), *Sozialforschung im Internet* (S. 91–107). Wiesbaden: VS Verlag für Sozialwissenschaften. Abgerufen von http://link.springer.com/10.1007/978-3-531-91791-7_6

Wagner, G., Fecher, B., & Mueller-Langer, F. (2016, November 1). Not only a matter of efficiency. Abgerufen von http://comments.sciencemag.org/content/10.1126/science.aaa7485

Wagner, G. G. (07. - 10. Juni). *Warum Bibliotheken – im Prinzip – ideale Datenarchive sind*. Gehalten auf der Bibliothekartag 2011, Berlin.

Wagner, G. G. (2002). Bessere Daten für Gesellschaft und Politik, *82*(9), 534–536.

Wagner, G. G., Frick, J. R., & Schupp, J. (2007). The German Socio-Economic Panel Study (SOEP) - Evolution, Scope and Enhancements. *SSRN Electronic Journal*. http://doi.org/10.2139/ssrn.1028709

Wagner, H.-J., & Oevermann, U. (2001). *Objektive Hermeneutik und Bildung des Subjekts.: Mit einem Text von Ulrich Oevermann: Die Philosophie von Charles Sanders Peirce als Philosophie der Krise*. Weilerswist: Velbrück Wiss.

Wagner, M., & Weiß, B. (2004). Meta-Analyse als Methode der Sozialforschung. *Kölner Zeitschrift für Soziologie und Sozialpsychologie*, 479–504.

Waldrop, M. M. (2008). Science 2.0. *Scientific American*, *298*(5), 68–73. http://doi.org/10.1038/scientificamerican0508-68

Wallis, J. C., Rolando, E., & Borgman, C. L. (2013). If We Share Data, Will Anyone Use Them? Data Sharing and Reuse in the Long Tail of Science and Technology. *PLoS ONE*, *8*(7), e67332. http://doi.org/10.1371/journal.pone.0067332

Ward, J. C. (2014). Oncology Reimbursement in the Era of Personalized Medicine and Big Data. *Journal of Oncology Practice*, *10*(2), 83–86. http://doi.org/10.1200/JOP.2014.001308

Weber, N. M. (2013). The relevance of research data sharing and reuse studies. *Bulletin of the American Society for Information Science and Technology*, *39*(6), 23–26. http://doi.org/10.1002/bult.2013.1720390609

Weingart, P. (2010). Wissenschaftssoziologie. In D. Simon, A. Knie, & S. Hornbostel (Hrsg.), *Handbuch Wissenschaftspolitik*. Wiesbaden: VS Verlag für Sozialwissenschaften. Abgerufen von http://link.springer.com/10.1007/978-3-531-91993-5

Wetterer, A. (2007). Erosion oder Reproduktion geschlechtlicher Differenzierung? Zentrale Ergebnisse des Forschungsschwerpunkts „Professionalisierung, Organisation, Geschlecht" im Überblick. In *Erosion oder Reproduktion geschlechtlicher Differenzierungen? Widersprüchliche Entwicklungen in professionalisierten Berufsfeldern und Organisationen* (S. 189–214). Münster: Westfälisches Dampfboot.

Whitlock, M. C. (2011). Data archiving in ecology and evolution: best practices. *Trends in Ecology & Evolution*, *26*(2), 61–65. http://doi.org/10.1016/j.tree.2010.11.006

Whitlock, M. C., McPeek, M. A., Rausher, M. D., Rieseberg, L., & Moore, A. J. (2010). Data Archiving. *The American Naturalist*, *175*(2), 145–146. http://doi.org/10.1086/650340

Whittemore, R., Chase, S. K., & Mandle, C. L. (2001). Validity in Qualitative Research. *Qualitative Health Research*, *11*(4), 522–537. http://doi.org/10.1177/104973201129119299

Wicherts, J. M., & Bakker, M. (2012). Publish (your data) or (let the data) perish! Why not publish your data too? *Intelligence*, *40*(2), 73–76. http://doi.org/10.1016/j.intell.2012.01.004

Wicherts, J. M., Borsboom, D., Kats, J., & Molenaar, D. (2006). The poor availability of psychological research data for reanalysis. *The American Psychologist*, *61*(7), 726–728. http://doi.org/10.1037/0003-066X.61.7.726

Williams, H. L. (2013). Intellectual Property Rights and Innovation: Evidence from the Human Genome. *Journal of Political Economy*, *121*(1), 1–27. http://doi.org/10.1086/669706

Wilz, S. M. (2001). „Gendered Organizations": Neuere Beiträge zum Verhältnis von Organisationen und Geschlecht. *Berliner Journal für Soziologie, 11*(1), 97–107. http://doi.org/10.1007/BF03203985

Wissenschaftsrat. (2012). *Empfehlungen zur Weiterentwicklung der wissenschaftlichen Informationsinfrastrukturen in Deutschland bis 2020.* Berlin. Abgerufen von http://www.wissenschaftsrat.de/download/archiv/2359-12.pdf

Wuchty, S., Jones, B. F., & Uzzi, B. (2007). The Increasing Dominance of Teams in Production of Knowledge. *Science, 316*(5827), 1036–1039. http://doi.org/10.1126/science.1136099

Yozwiak, N. L., Schaffner, S. F., & Sabeti, P. C. (2015). Data sharing: Make outbreak research open access. *Nature, 518*(7540), 477–479. http://doi.org/10.1038/518477a

Zimmerman, A. S. (2008). New Knowledge from Old Data: The Role of Standards in the Sharing and Reuse of Ecological Data. *Science, Technology & Human Values, 33*(5), 631–652. http://doi.org/10.1177/0162243907306704

Zimmermann, C. (2015). On the Need for a Replication Journal. *Research Division Federal Reserve Bank of St. Louis Working Paper Series.* Abgerufen von https://research.stlouisfed.org/wp/2015/2015-016.pdf

ABBILDUNGSVERZEICHNIS

TABELLENVERZEICHNIS

ANHANG

© Springer Fachmedien Wiesbaden GmbH, ein Teil von Springer Nature 2018
B. Fecher, *Eine Reputationsökonomie*,
https://doi.org/10.1007/978-3-658-20895-0

A.1 Wenn ich meine Daten mit anderen teile, bringt mir das mehr Nachteile als Vorteile. (nach Disziplin)

	Fallzahl	Mittelwert	Std. Abw.	95% Konfidenzintervall		Stimme überhaupt nicht zu (in %)	2	3	4	Stimme voll und ganz zu
Naturwissen-schaften	467	2.19	1.14	2.08	2.29	33.40	33.83	18.63	8.99	5.14
Sozial-/Wirtschafts-wissenschaften	420	2.49	1.20	2.38	2.61	25.00	29.29	23.33	16.43	5.95
Human-/Gesundheits-wissenschaften	169	2.26	1.04	2.97	3.33	24.26	42.01	20.71	9.47	3.55
Ingenieurs-wissenschaften	118	2.45	1.13	2.24	2.66	20.34	38.14	24.58	10.17	6.78
Kultur-/Geistes-wissenschaften	160	2.22	1.23	2.03	2.41	36.25	28.75	18.75	9.38	6.88
Agrar-/Ernährungs-wissenschaften	62	2.26	1.02	2.00	2.52	25.81	37.10	24.19	11.29	1.61
Total	**1396**	**2.32**	**1.16**	**2.26**	**2.38**	**28.65**	**33.38**	**21.06**	**11.53**	**5.37**

A.2 Forscher sollten grundsätzlich ihre Forschungsdaten teilen. (nach Geschlecht)

	Fallzahl	Mittelwert	Std. Abw.	95% Konfidenzintervall		Stimme über-haupt nicht zu (in %)	2	3	4	Stimme voll und ganz zu
männlich	735	4.21	0.98	4.14	4.28	1.77	5.58	12.38	30.07	50.20
weiblich	558	3.99	1.00	3.90	4.07	1.61	6.45	21.51	32.44	37.99
Total	**1293**	**4.12**	**0.996**	**4.06**	**4.17**	**1.70**	**5.96**	**16.32**	**31.09**	**44.93**

A.3 Es schreckt mich ab, in einem Journal zu publizieren, das Veröffentlichung der Daten verlangt. (nach Geschlecht)

	Fallzahl	Mittelwert	Std. Abw.	95% Konfidenzintervall		Stimme überhaupt nicht zu (in %)	2	3	4	Stimme voll und ganz zu
männlich	714	1.83	1.07	1.75	1.91	51.96	25.49	12.32	7.70	2.52
weiblich	526	2.11	1.24	2.00	2.21	42.78	26.24	15.02	9.32	6.65
Total	**1240**	**1.95**	**1.16**	**1.89**	**2.01**	**48.06**	**25.81**	**13.47**	**8.39**	**4.27**

A.4 **Es schreckt mich ab, in einem Journal zu publizieren, das Veröffentlichung der Daten verlangt. (nach Status)**

	Fallzahl	Mittelwert	Std. Abw.	95% Konfidenzintervall		Stimme überhaupt nicht zu (in %)	2	3	4	Stimme voll und ganz zu
Student	29	1.79	0.98	1.42	2.16	55.17	13.79	27.59	3.45	0.00
Doktorand	347	2.00	1.14	1.88	2.12	44.38	27.95	13.83	10.66	3.17
Forscher ohne Doktortitel	147	2.14	1.18	1.94	2.33	38.78	28.57	17.69	10.20	4.76
Forscher mit Doktortitel	569	1.93	1.15	1.84	2.02	48.15	27.42	12.48	7.21	4.75
Professor	271	1.80	1.14	1.66	1.94	57.56	19.56	12.55	5.90	4.43
Total	**1363**	**1.94**	**1.15**	**1.88**	**2.00**	**48.20**	**25.83**	**13.72**	**8.07**	**4.18**

A.5 **Haben Sie bereits Forschungsdaten geteilt?**

	Fallzahl	Mittelwert	Std. Abw.	95% Konfidenzintervall		ja (in %)	Nicht ausgewählt
Mit Forschenden, die ich persönlich kenne.	1541	0.58	0.49	0.56	0.61	58.14	41.86
Mit Forschenden innerhalb meines Instituts/Organisation.	1541	0.50	0.50	0.47	0.52	49.58	50.42
Mit Forschenden, die an ähnlichem Thema arbeiten.	1541	0.41	0.49	0.38	0.43	40.62	59.38
Mit nicht kommerziellen Forschern	1541	0.15	0.35	0.13	0.16	14.54	85.46
Mit kommerziellen Forschern.	1541	0.06	0.24	0.05	0.07	5.91	94.09
Mit der breiten Öffentlichkeit.	1541	0.13	0.34	0.12	0.15	13.24	86.76
Nein.	1541	0.16	0.37	0.14	0.18	16.29	83.71

A.6 **Noch nie Forschungsdaten geteilt. (nach Disziplin)**

	Fallzahl	Mittel-wert	Std. Abw.	95% Konfidenz-intervall		ja (in %)	Nicht ausgewählt
Naturwissen-schaften	507	0.09	0.29	0.07	0.12	9.27	90.73
Sozial-/Wirtschafts-wissenschaften	476	0.28	0.45	0.24	0.32	27.73	72.27
Human-/Gesundheits-wissenschaften	182	0.11	0.31	0.06	0.16	10.99	89.01
Ingenieurs-wissenschaften	130	0.12	0.32	0.06	0.17	11.54	88.46
Kultur-/Geistes-wissenschaften	175	0.18	0.38	0.12	0.23	17.71	82.29
Agrar-/Ernährungs-wissenschaften	71	0.08	0.28	0.02	0.15	8.45	91.55
Total	**1541**	**0.16**	**0.37**	**0.14**	**0.18**	**16.29**	**83.71**

A.7 **Noch nie Forschungsdaten geteilt. (nach Geschlecht)**

	Fallzahl	Mittel-wert	Std. Abw.	95% Konfidenzintervall		stimmt (in %)	Nicht ausgewählt
Männlich	750	0.13	0.34	0.11	0.16	13.33	86.67
Weiblich	571	0.25	0.43	0.21	0.28	24.52	75.48
Total	**1321**	**0.18**	**0.39**	**0.16**	**0.20**	**18.17**	**81.83**

A.8 Noch nie Forschungsdaten geteilt. (nach Status)

	Fallzahl	Mittel-wert	Std. Abw.	95% Konfidenzintervall		stimmt (in %)	Nicht ausge-wählt
Student	34	0.29	0.46	0.13	0.46	29.41	70.59
Doktorand	386	0.27	0.45	0.23	0.32	27.20	72.80
Forscher ohne Doktortitel	176	0.24	0.43	0.18	0.31	24.43	75.57
Forscher mit Doktortitel	616	0.10	0.30	0.08	0.13	10.23	89.77
Professor	295	0.09	0.29	0.06	0.13	9.49	90.51
Total	**1507**	**0.17**	**0.37**	**0.15**	**0.18**	**16.52**	**83.48**

A.9 Unter welchen Bedingungen wären sie bereit Ihre Forschungsdaten zu teilen? (nach Status)

	Fallzahl	Mittel-wert	Std. Abw.	95% Konfidenzintervall		uneingeschränkt (in %)	auf Anfrage	bei konkreter Nutzungsabsprache	gar nicht
männlich	745	2.05	0.82	1.99	2.11	31.01	33.29	35.30	0.40
weiblich	569	0.24	0.70	2.34	2.46	12.30	35.50	52.02	0.18
Total	**1314**	**2.20**	**0.79**	**2.16**	**2.25**	**22.91**	**34.25**	**42.54**	**0.30**

A.10 Unter welchen Bedingungen wären sie bereit Ihre Forschungsdaten zu teilen? (nach Disziplin)

	Fallzahl	Mittelwert	Std. Abw.	95% Konfidenzintervall		uneingeschränkt (in %)	auf Anfrage	bei konkreter Nutzungsabsprache	gar nicht
Naturwissen-schaften	464	2.12	0.82	2.04	2.19	28.23	31.90	39.87	0.00
Sozial-/Wirtschafts-wissenschaften	433	2.19	0.78	2.11	2.26	21.71	39.04	38.11	1.15
Human-/Gesundheits-wissenschaften	163	2.54	0.70	2.43	2.65	11.04	24.54	63.80	0.61
Ingenieurs-wissenschaften	105	2.29	0.72	2.15	2.42	15.24	40.95	43.81	0.00
Kultur-/Geistes-wissenschaften	154	2.02	0.80	1.89	2.15	30.52	37.66	31.17	0.65
Agrar-/Ernährungs-wissenschaften	66	0.09	0.76	2.18	2.55	16.67	30.30	53.03	0.00
Total	**1385**	**2.20**	**0.79**	**2.16**	**2.24**	**22.89**	**34.51**	**42.09**	**0.51**

A.11 In meiner Disziplin/Forschungscommunity ist es üblich, dass man Forschungsdaten teilt. (nach Disziplin)

	Fallzahl	Mittelwert	Std. Abw.	95% Konfidenzintervall		Stimme über-haupt nicht zu (in %)	2	3	4	Stimme voll und ganz zu
Naturwissen-schaften	472	3.35	1.16	3.24	3.45	6.36	18.64	26.69	30.72	17.58
Sozial-/Wirtschafts-wissenschaften	425	2.66	1.19	2.55	2.77	19.76	27.29	26.59	19.76	6.59
Human-/Gesundheits-wissenschaften	168	3.15	1.16	2.97	3.33	10.71	17.26	29.76	30.95	11.31
Ingenieurs-wissenschaften	119	2.89	1.07	2.70	3.09	10.92	22.69	40.34	18.49	7.56
Kultur-/Geistes-wissenschaften	168	2.48	1.24	2.29	2.67	26.19	29.76	20.83	16.07	7.14
Agrar-/Ernährungs-wissenschaften	64	3.00	1.10	2.73	3.27	7.81	28.13	28.13	28.13	7.81
Total	**1416**	**2.96**	**1.21**	**2.90**	**3.02**	**13.70**	**23.16**	**27.54**	**24.58**	**11.02**

A.12 Ich würde meine Daten nur dann teilen, wenn ich eine Mitautorenschaft für Arbeiten erhalte, die meine Daten verwenden. (nach Disziplin)

	Fallzahl	Mittelwert	Std. Abw.	95% Konfidenzintervall		Stimme über-haupt nicht zu (in %)	2	3	4	Stimme voll und ganz zu
Naturwissen-schaften	469	3.00	1.42	2.87	3.13	20.68	18.55	22.39	17.27	21.11
Sozial-/Wirtschafts-wissenschaften	430	2.51	1.33	2.39	2.64	27.91	28.14	20.93	10.70	12.33
Human-/Gesundheits-wissenschaften	166	3.63	1.27	3.44	3.83	8.43	10.84	22.29	25.90	32.53
Ingenieurs-wissenschaften	107	2.90	1.40	2.63	3.17	20.56	22.43	22.43	15.89	18.69
Kultur-/Geistes-wissenschaften	155	2.37	1.35	2.16	2.59	34.19	27.10	17.42	9.68	11.61
Agrar-/Ernährungs-wissenschaften	66	3.41	1.37	3.07	3.75	10.61	18.18	21.21	19.70	30.30
Total	**1393**	**2.87**	**1.42**	**2.79**	**2.94**	**22.47**	**21.82**	**21.32**	**15.43**	**18.95**

A.13 Ich würde meine Daten nur dann teilen, wenn mir bekannt ist, wer auf diese zugreifen kann. (nach Disziplin)

	Fallzahl	Mittelwert	Std. Abw.	95% Konfidenzintervall		Stimme über-haupt nicht zu (in %)	2	3	4	Stimme voll und ganz zu
Naturwissen-schaften	470	3.00	1.42	2.83	3.08	21.91	19.36	18.09	22.55	18.09
Sozial-/Wirtschafts-wissenschaften	434	3.21	1.29	3.09	3.33	12.21	18.66	25.12	23.96	20.05
Human-/Gesundheits-wissenschaften	166	3.70	1.34	3.49	3.90	10.24	9.64	18.07	24.10	37.95
Ingenieurs-wissenschaften	107	3.35	1.38	3.08	3.61	12.15	21.50	11.21	29.91	25.23
Kultur-/Geistes-wissenschaften	158	3.07	1.45	2.84	3.30	20.89	17.72	15.82	24.68	20.89
Agrar-/Ernährungs-wissenschaften	67	3.39	1.30	3.07	3.71	14.93	7.46	20.90	37.31	19.40
Total	**1402**	**3.19**	**1.38**	**3.11**	**3.26**	**16.33**	**17.40**	**19.61**	**24.68**	**21.97**

A.14 Ich würde meine Daten nur dann teilen, wenn mir der Aufwand finanziell erstattet wird. (nach Geschlecht)

	Fallzahl	Mittelwert	Std. Abw.	95% Konfidenzintervall		Stimme überhaupt nicht zu (in %)	2	3	4	Stimme voll und ganz zu
Männlich	720	2.04	1.22	1.95	2.13	46.53	22.78	17.08	7.36	6.25
weiblich	551	2.40	1.33	2.29	2.51	32.85	27.40	17.42	11.62	10.71
Total	**1271**	**2.20**	**1.28**	**2.13**	**2.27**	**40.60**	**24.78**	**17.23**	**9.21**	**8.18**

A.15 Ich würde meine Daten nur dann teilen, wenn ich dadurch in Kontakt mit anderen Wissenschaftlern komme. (nach Geschlecht)

	Fallzahl	Mittel-wert	Std. Abw.	95% Konfidenzintervall		Stimme überhaupt nicht zu (in %)	2	3	4	Stimme voll und ganz zu
männlich	738	2.86	1.24	2.77	2.95	18.29	20.73	26.56	25.34	9.08
weiblich	563	3.29	1.17	3.20	3.39	8.53	16.52	27.71	31.44	15.81
Total	**1301**	**3.05**	**1.23**	**2.98**	**3.12**	**14.07**	**18.91**	**27.06**	**27.98**	**11.99**

A.16 Ich würde meine Daten nur dann teilen, wenn mir bekannt ist, wofür diese verwendet werden. (nach Geschlecht)

	Fallzahl	Mittelwert	Std. Abw.	95% Konfidenzintervall		Stimme überhaupt nicht zu (in %)	2	3	4	Stimme voll und ganz zu
männlich	730	3.01	1.39	2.91	3.11	19.04	20.82	17.95	24.38	17.81
weiblich	561	3.63	1.27	3.53	3.74	7.66	13.73	18.36	27.99	32.26
Total	**1291**	**3.28**	**1.37**	**3.21**	**3.36**	**14.10**	**17.74**	**18.13**	**25.95**	**24.09**

A.17 Ich würde meine Daten nur dann teilen, wenn ich dadurch in Kontakt mit anderen Wissenschaftlern komme. (nach Status)

	Fallzahl	Mittelwert	Std. Abw.	95% Konfidenzintervall		Stimme über-haupt nicht zu (in %)	2	3	4	Stimme voll und ganz zu
Student	29	3.66	0.90	3.31	4.00	0.00	10.34	31.03	41.38	17.24
Doktorand	351	3.12	1.18	3.00	3.25	12.54	16.24	27.92	33.05	20.26
Forscher ohne Doktortitel	150	3.00	1.23	2.80	3.20	14.67	18.00	32.67	22.00	12.67
Forscher mit Doktortitel	580	3.01	1.25	2.91	3.11	15.52	19.31	26.21	26.72	12.24
Professor	271	2.96	1.29	2.81	3.12	16.61	21.40	24.72	23.62	13.65
Total	**1381**	**3.04**	**1.24**	**2.98**	**3.11**	**14.55**	**18.61**	**27.15**	**27.52**	**12.17**

A.18 Ich würde meine Daten nicht teilen, wenn dadurch andere meine Arbeit kritisieren oder falsifizieren können. (nach Disziplin)

	Fallzahl	Mittelwert	Std. Abw.	95% Konfidenzintervall		Stimme über-haupt nicht zu (in %)	2	3	4	Stimme voll und ganz zu
Naturwissen-schaften	463	1.91	1.16	1.80	2.02	50.32	24.84	13.61	6.05	5.18
Sozial-/Wirtschafts-wissenschaften	432	1.85	1.11	1.75	1.96	50.93	27.08	12.27	5.09	4.63
Human-/Gesundheits-wissenschaften	162	2.38	1.22	2.19	2.57	30.25	26.54	25.31	10.49	7.41
Ingenieurs-wissenschaften	103	2.26	1.28	2.01	2.51	39.81	20.39	19.42	14.46	5.83
Kultur-/Geistes-wissenschaften	155	1.85	1.11	1.67	2.02	52.26	24.52	14.19	4.52	4.52
Agrar-/Ernährungs-wissenschaften	66	2.29	1.38	1.95	2.63	36.36	31.82	12.12	6.06	13.64
Total	**1381**	**1.98**	**1.18**	**1.92**	**2.05**	**46.92**	**25.71**	**14.99**	**6.73**	**5.65**

A.19 Ich würde meine Daten nicht teilen, wenn diese fehlerhaft interpretiert werden könnten. (nach Disziplin)

	Fallzahl	Mittelwert	Std. Abw.	95% Konfidenzintervall		Stimme über-haupt nicht zu (in %)	2	3	4	Stimme voll und ganz zu
Naturwissen-schaften	453	3.10	1.32	2.98	3.22	15.01	19.87	22.52	25.39	17.22
Sozial-/Wirtschafts-wissenschaften	423	3.09	1.33	2.96	3.22	16.78	17.49	21.75	27.66	16.31
Human-/Gesundheits-wissenschaften	162	3.53	1.28	3.33	3.73	9.88	13.58	16.05	34.57	25.93
Ingenieurs-wissenschaften	106	3.23	1.33	2.98	3.49	15.09	13.21	25.47	25.47	20.75
Kultur-/Geistes-wissenschaften	153	2.80	1.46	2.57	3.04	27.45	17.65	19.61	17.65	17.65
Agrar-/Ernährungs-wissenschaften	65	3.58	1.29	3.27	3.90	7.69	15.38	18.46	27.69	30.77
Total	**1362**	**3.15**	**1.35**	**3.08**	**3.22**	**16.01**	**17.40**	**21.22**	**26.43**	**18.94**

A.20 **Ich würde meine Daten nur dann teilen, wenn dadurch andere meine Arbeit kritisieren oder falsifizieren können. (nach Geschlecht)**

	Fallzahl	Mittelwert	Std. Abw.	95% Konfidenzintervall		Stimme über-haupt nicht zu (in %)	2	3	4	Stimme voll und ganz zu
männlich	735	1.78	1.04	1.70	1.85	53.20	27.07	11.29	5.58	2.86
weiblich	559	2.30	1.30	2.19	2.40	36.85	24.51	20.39	8.77	9.48
Total	**1294**	**2.00**	**1.19**	**1.94**	**2.07**	**46.14**	**25.97**	**15.22**	**6.96**	**5.72**

A.21 Logistische Regression (Ergebnisse in odd ratios)

	AV1 **Nutzung von Sekundärdaten**	AV2 **Erfahrung zu teilen**
Standarddemographie		
Alter	1.003 (0.00737)	1.050*** (0.00933)
Quadriertes Alter	0.998*** (0.000507)	0.998*** (0.000600)
Geschlecht (Ref.: männlich)	0.513*** (0.0652)	0.497*** (0.0740)
Konstante	3.628*** (0.391)	0.485*** (0.0505)
Beobachtungen	1293	1293
Pseudo-R2	0.0247	0.0481
LR-Test	39.79	66.97
Freiheitsgrade	3	3

Standardfehler in Klammern

Signifikanzniveau *** p<0.01, ** p<0.05, * p<0.1

A.22   Logistische Regression (Ergebnisse in odds ratios)

	AV1 **Nutzung von Sekundärdaten**	AV2 **Erfahrung zu teilen**
Standarddemographie		
Alter	1.141*** (0.0566)	1.261*** (0.0743)
Quadriertes Alter	0.998*** (0.000571)	0.998*** (0.000673)
Geschlecht (Ref.: männlich)	0.543*** (0.0796)	0.541*** (0.0924)
Persönlichkeitsmerkmale (Big 5)		
Gewissenhaftigkeit	0.712*** (0.0790)	0.835 (0.100)
Offenheit für Erfahrungen	1.232** (0.131)	1.282** (0.159)
Neurotizismus	0.837** (0.0695)	0.956 (0.0902)
Extraversion	0.902 (0.0768)	0.980 (0.0929)
Verträglichkeit	1.100 (0.116)	0.803* (0.0948)
Konstante	0.776 (0.974)	0.00483*** (0.00710)
Beobachtungen	1087	1087
Pseudo-R2	0.0413	0.0557
LR-Test	56.10	63.94
Freiheitsgrade	8	8

Standardfehler in Klammern

Signifikanzniveau *** p<0.01, ** p<0.05, * p<0.1

A.23 Ich würde meine Daten nur dann teilen, wenn dadurch andere meine Arbeit kritisieren oder falsifizieren können. (nach Status)

	Fallzahl	Mittelwert	Std. Abw.	95% Konfidenzintervall		Stimme über-haupt nicht zu (in %)	2	3	4	Stimme voll und ganz zu
Student	26	2.35	1.29	1.82	2.87	30.77	30.77	23.08	3.85	11.54
Doktorand	346	2.12	1.17	1.99	2.24	39.60	28.03	18.79	8.38	5.20
Forscher ohne Doktortitel	149	2.08	1.25	1.88	2.28	44.30	26.17	14.09	8.05	7.38
Forscher mit Doktortitel	570	1.95	1.18	1.85	2.05	49.12	24.04	15.26	5.96	5.61
Professor	264	1.78	1.09	1.65	1.91	54.92	26.14	9.09	5.68	4.17
Total	**1355**	**1.98**	**1.18**	**1.92**	**2.04**	**46.94**	**25.83**	**14.98**	**6.72**	**5.54**

A.24 Ich weiß, wo und wie ich selbst erhobene Daten anderen zur Verfügung stellen kann. (nach Disziplin)

	Fallzahl	Mittelwert	Std. Abw.	95% Konfidenzintervall		Stimme überhaupt nicht zu (in %)	2	3	4	timme voll und ganz zu
Naturwissenschaften	473	3.63	1.17	3.52	3.74	4.86	15.43	18.60	34.04	27.06
Sozial-/Wirtschaftswissenschaften	443	3.12	1.38	2.99	3.25	15.12	22.35	19.64	20.99	21.90
Human-/Gesundheitswissenschaften	176	3.30	1.27	3.11	3.49	7.95	23.30	21.02	26.14	21.59
Ingenieurswissenschaften	118	3.34	1.10	3.14	3.54	4.24	21.19	25.42	34.75	14.41
Kultur-/Geisteswissenschaften	167	3.24	1.40	3.03	3.45	14.37	18.56	22.75	17.37	26.95
Agrar-/Ernährungswissenschaften	67	3.27	1.14	2.99	3.55	7.46	17.91	28.36	32.84	13.43
Total	1444	3.35	1.29	3.28	3.41	9.59	19.46	20.71	27.15	23.13

A.25 Ich weiß, wo ich relevante Daten für meine Forschung finden kann. (nach Disziplin)

	Fallzahl	Mittelwert	Std. Abw.	95% Konfidenzintervall		Stimme über-haupt nicht zu (in %)	2	3	4	Stimme voll und ganz zu
Naturwissen-schaften	461	3.54	1.09	3.44	3.64	4.77	13.67	22.99	40.13	18.44
Sozial-/Wirtschafts-wissenschaften	446	3.58	1.15	3.47	3.69	5.16	14.35	21.52	35.20	23.77
Human-/Gesundheits-wissenschaften	169	3.47	1.16	3.30	3.65	6.51	17.75	14.20	44.97	16.57
Ingenieurs-wissenschaften	120	3.25	1.07	3.06	3.44	6.67	16.67	32.50	33.33	10.83
Kultur-/Geistes-wissenschaften	164	3.42	1.24	3.23	3.61	7.93	17.68	21.95	29.27	23.17
Agrar-/Ernährungs-wissenschaften	67	3.19	1.12	2.92	3.47	7.46	20.90	26.87	34.33	10.45
Total	**1427**	**3.49**	**1.14**	**3.43**	**3.55**	**5.75**	**15.42**	**22.35**	**37.07**	**19.41**

A.26 Ich weiß, wo ich relevante Daten für meine Forschung finden kann. (nach Status)

	Fallzahl	Mittelwert	Std. Abw.	95% Konfidenzintervall		Stimme über-haupt nicht zu (in %)	2	3	4	Stimme voll und ganz zu
Student	32	3.5	1.08	3.11	3.89	3.13	15.63	28.13	34.38	18.75
Doktorand	366	3.23	1.14	3.11	3.35	8.20	18.85	27.05	33.61	12.30
Forscher ohne Doktortitel	156	3.53	1.05	3.56	3.69	3.21	15.38	24.36	39.74	17.31
Forscher mit Doktortitel	575	3.60	1.12	3.51	3.69	4.70	14.26	19.30	39.65	22.09
Professor	269	3.57	1.18	3.43	3.71	6.32	14.13	20.07	35.32	24.16
Total	**1398**	**3.49**	**1.14**	**3.43**	**3.55**	**5.72**	**15.59**	**22.25**	**37.12**	**19.31**

A.27 **Bei der Ergebnispublikation ist mir Renommee/Impact wichtig. (nach Disziplin)**

	Fallzahl	Mittelwert	Std. Abw.	95% Konfidenzintervall		Stimme über-haupt nicht zu (in %)	2	3	4	Stimme voll und ganz zu
Naturwissen-schaften	488	4.15	0.98	4.06	4.23	2.05	5.12	13.73	34.22	44.88
Sozial-/Wirtschafts-wissenschaften	441	4.24	0.97	4.15	4.33	2.27	4.99	9.52	32.88	50.34
Human-/Gesundheits-wissenschaften	172	4.27	1.01	4.12	4.43	2.91	4.65	9.88	27.33	55.23
Ingenieurs-wissenschaften	116	4.08	1.09	3.88	4.28	4.31	5.17	13.79	31.90	44.83
Kultur-/Geistes-wissenschaften	162	3.85	1.19	3.67	4.04	6.76	5.56	20.99	29.01	37.65
Agrar-/Ernährungs-wissenschaften	67	4.21	0.96	3.97	4.44	2.99	2.99	10.45	37.31	46.27
Total	**1446**	**4.15**	**1.02**	**4.10**	**4.21**	**2.97**	**4.98**	**12.66**	**32.37**	**47.03**

A.28 Bei der Ergebnispublikation ist mir Open Access wichtig. (nach Disziplin)

	Fallzahl	Mittelwert	Std. Abw.	95% Konfidenzintervall		Stimme über-haupt nicht zu (in %)	2	3	4	Stimme voll und ganz zu
Naturwissen-schaften	480	3.3	1.31	3.18	3.41	13.33	12.71	27.29	24.38	22.29
Sozial-/Wirtschafts-wissenschaften	427	3.41	1.29	3.32	3.50	20.37	22.48	27.63	17.56	11.94
Human-/Gesundheits-wissenschaften	167	3.12	1.24	2.92	3.30	13.77	15.57	31.14	25.15	14.37
Ingenieurs-wissenschaften	111	2.87	1.32	2.63	3.12	19.82	19.82	27.03	19.82	13.51
Kultur-/Geistes-wissenschaften	158	3.36	1.36	3.15	3.58	13.29	12.66	27.22	18.35	28.48
Agrar-/Ernährungs-wissenschaften	65	3.69	1.16	2.85	3.90	10.77	13.85	40.00	21.54	13.85
Total	**1408**	**3.08**	**1.31**	**3.02**	**3.15**	**15.91**	**16.62**	**28.41**	**21.24**	**17.83**

A.29 Arbeit mit strukturierten Daten. (nach Disziplin)

	Fallzahl	Mittelwert	Std. Abw.	95% Konfidenzintervall		Stimme überhaupt nicht zu (in %)	2	3	4	Stimme voll und ganz zu
Naturwissen-schaften	497	4.65	0.83	4.57	4.72	2.21	1.81	4.43	12.27	79.28
Sozial-/Wirtschafts-wissenschaften	451	4.16	1.35	4.04	4.29	9.09	8.20	5.32	12.20	65.19
Human-/Gesundheits-wissenschaften	176	4.69	0.72	4.59	4.80	1.70	1.14	1.70	17.05	78.41
Ingenieurs-wissenschaften	123	4.29	0.92	4.13	4.46	1.63	4.07	9.76	32.52	52.03
Kultur-/Geistes-wissenschaften	160	2.95	1.62	2.70	3.20	28.13	19.38	11.25	11.88	29.38
Agrar-/Ernährungs-wissenschaften	68	4.72	0.67	4.56	4.88	0.00	2.94	2.94	13.24	80.88
Total	**1475**	**4.29**	**1.22**	**4.23**	**4.35**	**6.62**	**5.83**	**5.49**	**14.51**	**67.25**

A.30   Arbeit mit unstrukturierten Daten. (nach Disziplin)

	Fallzahl	Mittel-wert	Std. Abw.	95% Konfidenzintervall		Stimme über-haupt nicht zu (in %)	2	3	4	Stimme voll und ganz zu
Naturwissen-schaften	470	1.67	1.06	1.58	1.77	62.13	20.21	8.94	5.53	3.19
Sozial-/Wirtschafts-wissenschaften	449	2.73	1.59	2.59	2.88	33.63	18.49	12.25	12.03	23.61
Human-/Gesundheits-wissenschaften	165	1.81	1.18	1.62	1.99	59.39	17.58	10.91	7.27	4.85
Ingenieurs-wissenschaften	117	1.98	1.15	1.77	2.19	47.86	22.22	16.24	11.11	2.56
Kultur-/Geistes-wissenschaften	165	3.90	1.43	3.68	4.12	10.91	11.52	7.27	17.58	52.73
Agrar-/Ernährungs-wissenschaften	64	1.67	1.13	1.39	1.95	65.63	17.19	4.69	9.38	3.13
Total	**1430**	**2.30**	**1.50**	**2.23**	**2.38**	**45.94**	**18.39**	**10.42**	**9.79**	**15.45**

A.31　Arbeit mit sensiblen Daten. (nach Disziplin)

	Fallzahl	Mittelwert	Std. Abw.	95% Konfidenzintervall		Stimme über-haupt nicht zu (in %)	2	3	4	Stimme voll und ganz zu
Naturwissen-schaften	472	2.13	1.22	2.02	2.24	42.58	22.67	18.43	11.65	4.66
Sozial-/Wirtschafts-wissenschaften	450	2.99	1.39	2.86	3.12	20.22	18.89	20.67	22.44	17.78
Human-/Gesundheits-wissenschaften	173	3.3	1.47	3.06	3.50	17.92	15.03	16.76	21.39	28.90
Ingenieurs-wissenschaften	119	2.88	1.29	2.65	3.12	20.17	18.49	24.37	26.89	10.08
Kultur-/Geistes-wissenschaften	161	2.39	1.44	2.17	2.61	41.61	15.53	16.15	15.53	11.18
Agrar-/Ernährungswissenschaften	65	2.14	1.14	1.86	2.42	33.85	36.92	16.92	6.15	6.15
Total	**1440**	**2.63**	**1.40**	**2.56**	**2.70**	**30.28**	**20.07**	**19.10**	**17.64**	**12.92**

A.32   Haben Sie schon mal mit Sekundärdaten gearbeitet? (nach Disziplin)

	Fallzahl	Mittel-wert	Std. Abw.	95% Konfidenzintervall		ja (in %)	Nein
Naturwissen-schaften	454	0.69	0.46	0.65	0.73	69.16	30.84
Sozial-/Wirtschafts-wissenschaften	431	0.78	0.42	0.74	0.82	77.96	22.04
Human-/Gesundheits-wissenschaften	159	0.60	0.49	0.52	0.67	59.75	40.25
Ingenieurs-wissenschaften	102	0.63	0.49	0.53	0.72	62.75	37.25
Kultur-/Geistes-wissenschaften	150	0.59	0.49	0.51	0.67	59.33	40.67
Agrar-/Ernährungs-wissenschaften	66	0.58	0.50	0.45	0.70	57.58	42.42
Total	**1362**	**0.69**	**0.46**	**0.66**	**0.71**	**68.72**	**31.28**

A.33 Nutzung von Sekundärdaten für neue (eigene) Fragestellungen. (nach Disziplin)

	Fallzahl	Mittel-wert	Std. Abw.	95% Konfidenzintervall		Stimme über-haupt nicht zu (in %)	2	3	4	Stimme voll und ganz zu
Naturwissen-schaften	421	4.34	0.91	4.25	4.43	2.14	2.61	9.26	31.12	54.87
Sozial-/Wirtschafts-wissenschaften	413	4.62	0.65	4.56	4.69	0.48	0.73	4.12	25.18	69.49
Human-/Gesundheits-wissenschaften	143	4.22	1.00	4.06	4.39	4.20	2.80	7.69	37.06	48.25
Ingenieurs-wissenschaften	93	4.02	0.98	3.82	4.22	2.15	6.45	13.98	41.94	35.48
Kultur-/Geistes-wissenschaften	137	4.44	0.87	4.29	4.59	1.46	3.65	5.84	27.74	61.31
Agrar-/Ernährungs-wissenschaften	62	4.27	0.83	4.06	4.49	0.00	3.23	14.52	33.87	48.39
Total	**1269**	**4.40**	**0.86**	**4.36**	**4.45**	**1.65**	**2.44**	**7.64**	**30.42**	**57.84**

A.34 Nutzung von Sekundärdaten zur Reproduktion und Überprüfung von Forschungsergebnissen. (nach Disziplin)

	Fallzahl	Mittelwert	Std. Abw.	95% Konfidenzintervall		Stimme über-haupt nicht zu (in %)	2	3	4	Stimme voll und ganz zu
Naturwissen-schaften	426	3.42	1.26	3.30	3.54	8.22	16.90	24.41	25.35	25.12
Sozial-/Wirtschafts-wissenschaften	404	2.96	1.31	2.83	3.09	14.11	28.96	20.54	19.55	16.83
Human-/Gesundheits-wissenschaften	138	3.72	1.31	3.50	3.94	7.25	15.22	13.77	26.09	37.68
Ingenieurs-wissenschaften	94	3.49	1.36	3.21	3.78	11.70	14.89	14.89	29.79	28.72
Kultur-/Geistes-wissenschaften	136	3.24	1.45	2.30	3.49	15.44	19.85	18.38	17.65	28.68
Agrar-/Ernährungs-wissenschaften	63	3.11	1.37	2.77	3.46	15.87	20.63	19.05	25.40	19.05
Total	**1261**	**3.28**	**1.34**	**3.20**	**3.35**	**11.42**	**20.94**	**20.38**	**23.08**	**24.19**

A.35 Bei der Nutzung von Sekundärdaten erwarte ich eine Anleitung zur Nutzung der Daten. (nach Disziplin)

	Fallzahl	Mittel-wert	Std. Abw.	95% Konfidenzintervall		Stimme über-haupt nicht zu (in %)	2	3	4	Stimme voll und ganz zu
Naturwissen-schaften	425	3.32	1.20	3.21	3.44	9.88	12.71	31.06	28.00	18.35
Sozial-/Wirtschafts-wissenschaften	416	3.37	1.19	3.26	3.49	6.49	17.07	31.73	22.12	22.60
Human-/Gesundheits-wissenschaften	143	3.49	1.13	3.30	3.68	6.29	13.29	24.48	37.06	18.88
Ingenieurs-wissenschaften	96	3.43	1.14	3.20	3.66	8.33	8.33	34.38	30.21	18.75
Kultur-/Geistes-wissenschaften	138	3.07	1.25	2.86	2.37	12.32	21.01	30.43	20.29	15.94
Agrar-/Ernährungs-wissenschaften	66	3.38	1.22	3.08	3.68	10.61	7.58	37.88	21.21	22.73
Total	**1284**	**3.34**	**1.19**	**3.27**	**3.41**	**8.57**	**14.49**	**31.07**	**26.09**	**19.78**

A.36 Bei der Nutzung von Sekundärdaten erwarte ich Referenzen die zeigen, wie Daten bereits genutzt wurden. (nach Disziplin)

	Fallzahl	Mittel-wert	Std. Abw.	95% Konfidenzintervall		Stimme über-haupt nicht zu (in %)	2	3	4	Stimme voll und ganz zu
Naturwissen-schaften	428	3.48	1.16	3.37	3.59	6.54	14.02	25.93	32.01	21.50
Sozial-/Wirtschafts-wissenschaften	416	3.15	1.18	3.04	3.26	7.69	23.56	30.77	21.88	16.11
Human-/Gesundheits-wissenschaften	145	3.61	1.15	3.43	3.80	4.14	15.17	22.07	32.41	26.21
Ingenieurs-wissenschaften	93	3.32	1.24	3.07	3.58	9.68	16.13	26.88	26.88	20.43
Kultur-/Geistes-wissenschaften	138	3.36	1.18	3.16	3.55	6.52	18.12	28.26	27.54	19.57
Agrar-/Ernährungs-wissenschaften	65	3.63	1.19	3.34	3.93	4.62	15.38	21.54	29.23	29.23
Total	**1285**	**3.37**	**1.19**	**3.31**	**3.44**	**6.77**	**17.90**	**27.16**	**27.78**	**20.39**

A.37 Bei der Nutzung von Sekundärdaten erwarte ich Aufbereitungsskripte und Programmcode. (nach Disziplin)

	Fallzahl	Mittel-wert	Std. Abw.	95% Konfidenzintervall		Stimme über-haupt nicht zu (in %)	2	3	4	Stimme voll und ganz zu
Naturwissen-schaften	405	2.92	1.19	2.81	3.04	14.32	20.99	33.83	19.75	11.11
Sozial-/Wirtschafts-wissenschaften	398	2.94	1.22	2.82	3.06	12.06	27.89	26.88	20.35	12.81
Human-/Gesundheits-wissenschaften	133	3.25	1.12	3.06	3.44	5.26	21.05	33.83	23.31	16.54
Ingenieurs-wissenschaften	89	2.71	1.10	2.48	2.94	13.48	32.58	29.21	19.10	5.62
Kultur-/Geistes-wissenschaften	127	2.87	1.24	2.66	3.09	14.96	25.20	30.71	15.75	13.39
Agrar-/Ernährungs-wissenschaften	59	3.20	1.19	2.89	3.51	10.17	15.25	33.90	25.42	15.25
Total	**1211**	**2.96**	**1.20**	**2.89**	**3.02**	**12.39**	**24.28**	**30.88**	**20.15**	**12.30**

A.38   logistische Regression (Ergebnisse in odds ratios)

	AV **Nutzung von Sekundärdaten**
Standarddemographie	0.997 (0.00808)
zentriertes Alter	0.825 (0.143)
Geschlecht (Ref.: männlich)	
Persönlichkeitsmerkmale (Big 5)	0.871 (0.113)
Gewissenhaftigkeit	1.103 (0.138)
Offenheit für Erfahrungen	0.871 (0.0845)
Neurotizismus	1.026 (0.0998)
Extraversion	0.803* (0.100)
Verträglichkeit	
Disziplin (Ref.: Mathematik/Naturwissenschaften)	
Rechts-/Sozial-/Wirtschaftswissenschaften	1.877*** (0.416)
Humanmedizin/Gesundheitswissenschaften	0.654 (0.175)
Ingenieurswissenschaften	0.763 (0.233)
Kultur-/Geisteswissenschaften	0.940 (0.277)
Agrar-/Ernährungswissenschaften	0.713 (0.254)
Wissen darüber...	
...wo Sekundärdaten gefunden werden	

können (Ref.: trifft zu)	
... trifft nicht zu	0.422*** (0.0705)
...wo Sekundärdaten geteilt werden können (Ref.: trifft zu)	
... trifft nicht zu	0.659** (0.114)
Wichtigkeit von...	
...Open Access (Ref.:wichtig)	
..unwichtig	0.952 (0.159)
...Reputation (Ref.: wichtig)	
...unwichtig	1.144 (0.226)
schnelles Publizieren (Ref.: wichtig)	
...unwichtig	0.978 (0.155)
Art der Daten	
quantitative Daten (Ref.: trifft zu)	
trifft nicht zu	0.571** (0.143)
quantitative Daten (Ref.: trifft zu)	
trifft nicht zu	1.113 (0.257)
sensible Daten (Ref.: trifft zu)	
trifft nicht zu	0.920 (0.166)
Konstante	18.83*** (18.63)

Beobachtungen	890
Pseudo-R2	0.0856
LR-Test	92.92
Freiheitsgrade	20

Standardfehler in Klammern

Signifikanzniveau *** $p<0.01$, ** $p<0.05$, * $p<0.1$

Dieses Buch würde es ohne die Unterstützung meiner Familie, meiner Kollegen und Freunde nicht geben. Herzlichen Dank an Gert G. Wagner, Thomas Schildhauer, Sascha Friesike, Marcel Hebing, Larissa Wunderlich, Karina Preiß, Stephanie Linek, Antonia Lingens, Jennifer Wollniok, Angelika Dierkes, Hendrik Send, Cornelius Puschmann, Klaus Tochtermann, Robin Tech, Jana Schudrowitz, Lies van Roessel, David Jalilvand, Mante Vertelyte, Stefanie Wolter, Felix Krebber, Ingo Buchholz, Thomas Fecher und an meine Eltern.

Merci.